环境监测水质样品采集、运输、保存标准方法实用手册

常用样品查询必备

辽宁省生态环境监测中心　编

中国环境出版集团·北京

图书在版编目（CIP）数据

环境监测水质样品采集、运输、保存标准方法实用手册. 常用样品查询必备/辽宁省生态环境监测中心编. —北京：中国环境出版集团，2020.7

ISBN 978-7-5111-4387-7

Ⅰ.①环… Ⅱ. ①辽… Ⅲ. ①水质监测－手册 Ⅳ.①X832-62

中国版本图书馆 CIP 数据核字（2020）第 140031 号

出 版 人	武德凯
责任编辑	黄 颖 金捷霆
责任校对	任 丽
封面设计	宋 瑞

出版发行	中国环境出版集团 （100062 北京市东城区广渠门内大街 16 号） 网 址：http://www.cesp.com.cn 电子邮箱：bjgl@cesp.com.cn 联系电话：010-67112765（编辑管理部） 010-67147349（第四分社） 发行热线：010-67125803，010-67113405（传真）
印 刷	北京中科印刷有限公司
经 销	各地新华书店
版 次	2020 年 7 月第 1 版
印 次	2020 年 7 月第 1 次印刷
开 本	880×1230 1/16
印 张	11.5
字 数	300 千字
定 价	280.00 元（全四册）

编 委 会

主　　编　胥学鹏　刘　枢

副 主 编　张　峥　赵丽娟　刘景泰

编写人员　于　宁　王　允　卢　雁　卢迎红　付友生　付　毓　刘　畅　刘　勇　刘　茜　刘　雅　孙　仓　朱广钦　张见昕　李元宜　杨冬雷　邵　亮　姜秋俚　赵　菲　秦　雨　贾　蔓　高　跃　彭　跃　谢　轶　薛　程

目　录

无机部分

序号	测定项目	方法名称	方法依据	适用范围	采样容器	固定剂	保存方法及保存剂用量	保存期	采样量/mL	容器洗涤	检出限
1	pH 值	水质　pH 值的测定　玻璃电极法	GB/T 6920—1986	饮用水、地面水及工业废水	聚乙烯瓶或硬质玻璃瓶	—	最好现场测定。否则，0～4℃冷藏保存，并在采样后 6 h 内测定	6 h	—	—	—
		地表水和污水监测技术规范	HJ/T 91—2002	江河、湖泊、水库和渠道的水质监测，包括控制断面以及污染源排放污水	聚乙烯瓶或硬质玻璃瓶	—	应尽量现场测定	12 h	250	洗涤剂洗 1 次，自来水洗 3 次，蒸馏水洗 1 次	0.1（pH 值）
		地下水环境监测技术规范	HJ/T 164—2004	地下水的环境监测，包括国控监测井，控制监测井的背景值监测和污染控制监测	聚乙烯瓶或硬质玻璃瓶	—	应尽量现场测定	12 h	200	洗涤剂洗 1 次，自来水洗 3 次，蒸馏水洗 1 次	—
		水质　样品的保存和管理技术规定	HJ 493—2009	天然水、生活污水及工业废水等	聚乙烯瓶或硬质玻璃瓶	—	应尽量现场测定	12 h	250	洗涤剂洗 1 次，自来水洗 3 次，蒸馏水洗 1 次	—
2	氨氮	水质　氨氮的测定　气相分子吸收光谱法	HJ/T 195—2005	地表水、地下水、海水、饮用水、生活污水及工业废水	聚乙烯瓶或硬质玻璃瓶	硫酸	水样采集在聚乙烯瓶或硬质玻璃瓶中，并应充满样品瓶。采集好的水样应立即测定，否则应加硫酸使 pH＜2（酸化时，防止吸收空气中的氨而沾污），在 2～5℃冷藏保存，24 h 内测定	24 h	—	—	0.020 mg/L

序号	测定项目	方法名称	方法依据	适用范围	采样容器	固定剂	保存方法及保存剂用量	保存期	采样量/mL	容器洗涤	检出限
2	氨氮	水质　氨氮的测定　纳氏试剂分光光度法	HJ 535—2009	地表水、地下水、生活污水及工业废水	聚乙烯瓶或硬质玻璃瓶	硫酸	加硫酸使 pH≤2，2～5℃冷藏保存	7 d	—	—	0.025 mg/L
		水质　氨氮的测定　水杨酸分光光度法	HJ 536—2009	地表水、地下水、生活污水及工业废水	聚乙烯瓶或硬质玻璃瓶	硫酸	加硫酸使 pH≤2，2～5℃冷藏保存	7 d	—	—	使用 10 mm 比色皿：0.01 mg/L；使用 30 mm 比色皿：0.04 mg/L
		水质　氨氮的测定　蒸馏-中和滴定法	HJ 537—2009	生活污水和工业废水	聚乙烯瓶或硬质玻璃瓶	硫酸	加硫酸使 pH≤2，2～5℃冷藏保存	7 d	—	—	0.05 mg/L
		水质　氨氮的测定　连续流动-水杨酸分光光度法	HJ 665—2013	地表水、地下水、生活污水及工业废水	聚乙烯瓶或硬质玻璃瓶	硫酸	加硫酸使 pH≤2，5℃以下冷藏保存	7 d	—	—	检测池光程为 30 mm：0.01 mg/L；检测池光程为 10 mm：0.04 mg/L
		水质　氨氮的测定　流动注射-水杨酸分光光度法	HJ 666—2013	地表水、地下水、生活污水及工业废水	聚乙烯瓶或硬质玻璃瓶	硫酸	加硫酸使 pH≤2，5℃以下冷藏保存	7 d	—	—	检测池光程为 10 mm：0.01 mg/L
		水质　氰化物等的测定　真空检测管-电子比色法	HJ 659—2013	地下水、地表水、生活污水和工业废水中氰化物、氟化物、硫化物、二价锰、六价铬、镍、氨氮、苯胺、硝酸盐氮、亚硝酸盐氮、磷酸盐以及化学需氧量等污染物的快速分析	—	—	尽快现场测定，不需要加固定剂	—	—	—	0.2 mg/L
		地表水和污水监测技术规范	HJ/T 91—2002	江河、湖泊、水库和渠道的水质监测，包括控制断面以及污染源排放污水	聚乙烯瓶或硬质玻璃瓶	硫酸	加硫酸使 pH≤2	24 h	250	洗涤剂洗 1 次，自来水洗 3 次，蒸馏水洗 1 次	纳氏试剂光度法：0.025 mg/L；蒸馏和滴定法：0.05 mg/L；水杨酸分光光度法：0.01 mg/L；电极法：0.03 mg/L

序号	测定项目	方法名称	方法依据	适用范围	采样容器	固定剂	保存方法及保存剂用量	保存期	采样量/mL	容器洗涤	检出限
2	氨氮	地下水环境监测技术规范	HJ/T 164—2004	地下水的环境监测，包括国控监测井，控制监测井的背景值监测和污染控制监测	聚乙烯瓶或硬质玻璃瓶	硫酸	加硫酸使 pH≤2	24 h	250	洗涤剂洗 1 次，自来水洗 3 次，蒸馏水洗 1 次	纳氏试剂光度法：0.025 mg/L；蒸馏和滴定法：0.05 mg/L；水杨酸分光光度法：0.01 mg/L；电极法：0.03 mg/L；气相分子吸收法：0.020 mg/L
		生活饮用水标准检验方法　水样的采集与保存	GB/T 5750.2—2006	生活饮用水及其水源水	聚乙烯瓶或硬质玻璃瓶	硫酸	每升水样加入 0.8 mL 浓硫酸，0～4℃冷藏，避光保存	24 h	3 000～5 000	将容器用水和洗涤剂清洗，除去灰尘、油垢后用自来水冲洗干净，然后用质量分数 10%的硝酸（或盐酸）浸泡 8 h，取出沥干后用自来水冲洗 3 次，并用蒸馏水充分淋洗干净	—
		水质　样品的保存和管理技术规定	HJ 493—2009	天然水、生活污水及工业废水等	聚乙烯瓶或硬质玻璃瓶	硫酸	加硫酸使 pH≤2	24 h	250	洗涤剂洗 1 次，自来水洗 3 次，蒸馏水洗 1 次	—
3	钡	水质　钡的测定　石墨炉原子吸收分光光度法	HJ 602—2011	地表水、地下水、工业废水和生活污水	聚乙烯瓶或硬质玻璃瓶	硝酸	加硝酸酸化至 pH≤2，4℃冷藏保存	14 d	250	洗涤剂洗 1 次，自来水洗 2 次，（1+3）硝酸荡洗 1 次，自来水洗 3 次，去离子水洗 1 次	2.5 μg/L

序号	测定项目	方法名称	方法依据	适用范围	采样容器	固定剂	保存方法及保存剂用量	保存期	采样量/mL	容器洗涤	检出限
3	钡	水质 65种元素的测定 电感耦合等离子体质谱法	HJ 700—2014	地表水、地下水、生活污水、低浓度工业废水	—	硝酸溶液：1+1	加（1+1）硝酸酸化至pH＜2	—	—	洗涤剂洗1次，自来水洗2次，（1+3）硝酸荡洗1次，自来水洗3次，蒸馏水洗1次	0.20 μg/L
		水质 32种元素的测定 电感耦合等离子体发射光谱法	HJ 776—2015	地表水、地下水、生活污水及工业废水	—	硝酸	加硝酸，使硝酸含量达到1%	—	—	用洗涤剂和水依次洗净聚乙烯瓶，置于（1+1）硝酸溶液浸泡24 h，用实验水彻底洗净	水平检出限：0.01 mg/L；垂直检出限：0.002 mg/L
4	臭和味	生活饮用水标准检验方法 感官性状和物理指标（嗅气和尝味法）	GB/T 5750.4—2006（3.1）	生活饮用水及其水源水中	—	—	—	—	3 000～5 000	—	—
5	碘化物	水质 碘化物的测定 离子色谱法	HJ 778—2015	地表水和地下水	聚乙烯瓶或棕色玻璃瓶	氢氧化钠	加氢氧化钠调节至pH值约为12，0～4℃冷藏保存	24 h	250	洗涤剂洗1次，自来水洗3次，蒸馏水洗1次	0.002 mg/L
6	粪大肠菌群	水质 粪大肠菌群的测定 滤膜法	HJ 347.1—2018	地表水、地下水、生活污水和工业废水	1 L、500 mL或250 mL带螺旋帽或磨口塞的广口玻璃瓶	—	采样后2 h内检测，否则需10℃下冷藏并不得超过6 h，不能立即开展检测的，将样品在4℃以下冷藏保存并在2 h内检测	6 h	采样量可根据水体实际情况而定，一般不少于250 mL	121℃高压蒸汽灭菌20 min备用	接种量为100 mL：10CFU/L；接种量为500 mL：2CFU/L
		水质 粪大肠菌群的测定 多管发酵法	HJ 347.2—2018	地表水、地下水、生活污水和工业废水中粪大肠菌群的测定	500 mL带螺旋帽或磨口塞的广口玻璃瓶	—	采样后2 h内检测，否则需10℃下冷藏并不得超过6 h，不能立即开展检测的，将样品在4℃下冷藏保存并在2 h内检测	6 h	清洁水体的采样量不低于400 mL，其余水体采样量不低于100 mL	121℃高压蒸汽灭菌20 min备用	12管法：3MPN/L；15管法：20MPN/L

序号	测定项目	方法名称	方法依据	适用范围	采样容器	固定剂	保存方法及保存剂用量	保存期	采样量/mL	容器洗涤	检出限
7	氟化物	水质　氟化物的测定　离子选择电极法	GB/T 7484—1987	地面水、地下水和工业废水	聚乙烯瓶	—	pH>7 时可以用玻璃瓶。pH<7 时容易形成氢氟酸，腐蚀玻璃	—	—	—	0.05 mg/L
		水质　氟化物的测定　氟试剂分光光度法	HJ 488—2009	地表水、地下水和工业废水	聚乙烯瓶	—	—	—	—	—	0.02 mg/L
		水质　氟化物的测定　茜素磺酸锆目视比色法	HJ 487—2009	饮用水、地表水、地下水和工业废水	聚乙烯瓶	—	—	—	—	—	0.1 mg/L
		生活饮用水标准检验方法 无机非金属指标（双波长系数倍率氟试剂分光光度法）	GB/T 5750.5—2006（3.4）	生活饮用水及其水源水中可溶性氟化物的测定	—	—	—	—	—	—	最低检测质量为 0.25 mg，若取 5 mL 水样测定，则最低检测质量浓度为 0.05 mg/L
		水质　无机阴离子（F^-、Cl^-、NO_2^-、Br^-、NO_3^-、PO_4^{3-}、SO_3^{2-}、SO_4^{2-}）的测定　离子色谱法	HJ 84—2001	地表水、地下水、工业废水、生活污水	聚乙烯瓶	—	不需加固定剂，水样采集后应尽快分析，否则应经抽气过滤装置过滤，于 4℃下冷藏，避光保存	14 d	—	—	0.006 mg/L
		水质　氰化物等的测定　真空检测管-电子比色法	HJ 659—2013	地下水、地表水、生活污水和工业废水中氰化物、氟化物、硫化物、二价锰、六价铬、镍、氨氮、苯胺、硝酸盐氮、亚硝酸盐氮、磷酸盐以及化学需氧量等污染物的快速分析	—	—	尽快现场测定，不需要加固定剂	—	—	—	0.5 mg/L

序号	测定项目	方法名称	方法依据	适用范围	采样容器	固定剂	保存方法及保存剂用量	保存期	采样量/mL	容器洗涤	检出限
7	氟化物	地表水和污水监测技术规范	HJ/T 91—2002	江河、湖泊、水库和渠道的水质监测，包括控制断面以及污染源排放污水	聚乙烯瓶（桶）	—	0～4℃冷藏，避光保存	14 d	250	洗涤剂洗1次，自来水洗3次，蒸馏水洗1次	离子选择电极法（含流动电极法）：0.05 mg/L；氟试剂分光光度法：0.05 mg/L；茜素磺酸锆目视比色法：0.05 mg/L；离子色谱法：0.02 mg/L
		地下水环境监测技术规范	HJ/T 164—2004	地下水的环境监测，包括国控监测井，控制监测井的背景值监测和污染控制监测	聚乙烯瓶（桶）	—	0～4℃冷藏，避光保存	14 d	250	洗涤剂洗1次，自来水洗3次，蒸馏水洗1次	离子选择电极法（含流动电极法）：0.05 mg/L；氟试剂分光光度法：0.05 mg/L；茜素磺酸锆目视比色法：0.05 mg/L；离子色谱法：0.02 mg/L
		生活饮用水标准检验方法　水样的采集与保存	GB/T 5750.2—2006	生活饮用水及其水源水样	聚乙烯瓶（桶）	—	0～4℃冷藏，避光保存	14 d	3 000～5 000	将容器用水和洗涤剂清洗，除去灰尘、油垢后用自来水冲洗干净，然后用质量分数10%的硝酸（或盐酸）浸泡8 h，取出沥干后用自来水冲洗3次，并用蒸馏水充分淋洗干净	—
		水质　样品的保存和管理技术规定	HJ 493—2009	天然水、生活污水及工业废水等	聚乙烯瓶（桶）	—	1～5℃冷藏，避光保存	14 d	250	洗涤剂洗1次，自来水洗3次，蒸馏水洗1次	—

序号	测定项目	方法名称	方法依据	适用范围	采样容器	固定剂	保存方法及保存剂用量	保存期	采样量/mL	容器洗涤	检出限
8	高锰酸盐指数	水质　高锰酸盐指数的测定	GB/T 11892—89	饮用水、水源水和地面水	硬质玻璃瓶	硫酸	加硫酸将 pH 值调至 1～2。保存时间超过 6 h，0～5℃冷藏，避光保存	≤2 d	—	—	0.5 mg/L
		碱性法（A）	《水和废水监测分析方法（第四版）》，中国环境科学出版社，2002 年	氯离子含量超过 300 mg/L 的水样	—	硫酸	加硫酸使 pH<2，样品应尽快分析，应在 0～5℃冷藏保存	48 h	—	—	0.5 mg/L
		地表水和污水监测技术规范	HJ/T 91—2002	江河、湖泊、水库和渠道的水质监测，包括控制断面以及污染源排放污水	硬质玻璃瓶	—	0～4℃冷藏，避光保存	2 d	500	洗涤剂洗 1 次，自来水洗 3 次，蒸馏水洗 1 次	高锰酸盐指数：0.5 mg/L；碱性高锰酸钾法：0.5 mg/L；流动注射连续测定法：0.5 mg/L
		地下水环境监测技术规范	HJ/T164—2004	地下水的环境监测，包括国控监测井，控制监测井的背景值监测和污染控制监测	聚乙烯瓶或硬质玻璃瓶	—	0～4℃冷藏，避光保存	2 d	500	洗涤剂洗 1 次，自来水洗 3 次，蒸馏水洗 1 次	高锰酸盐指数：0.5 mg/L；碱性高锰酸钾法：0.5 mg/L；流动注射连续测定法：0.5 mg/L
		生活饮用水标准检验方法　水样的采集与保存	GB/T 5750.2—2006	生活饮用水及其水源水样	硬质玻璃瓶	硫酸	每升水样加入 0.8 mL 浓硫酸冷藏保存	24 h	200	将容器用水和洗涤剂清洗，除去灰尘、油垢后用自来水冲洗干净，然后用质量分数 10%的硝酸（或盐酸）浸泡 8 h，取出沥干后用自来水冲洗 3 次，并用蒸馏水充分淋洗干净	—

序号	测定项目	方法名称	方法依据	适用范围	采样容器	固定剂	保存方法及保存剂用量	保存期	采样量/mL	容器洗涤	检出限
8	高锰酸盐指数	水质　样品的保存和管理技术规定	HJ 493—2009	天然水、生活污水及工业废水等	硬质玻璃瓶	—	尽快分析，1～5℃冷藏，避光保存	2 d	500	洗涤剂洗 1 次，自来水洗 3 次，蒸馏水洗 1 次	—
					聚乙烯瓶（桶）	—	尽快分析，−20℃冷冻	1 个月	500	—	—
9	镉	水质　镉的测定　双硫腙分光光度法	GB/T 7471—1987	天然水和废水中微量镉	聚乙烯瓶	2%硝酸	加硝酸酸化至 pH 值约为 1.5	—	—	用 2%硝酸溶液浸泡 24 h，然后用去离子水冲洗干净	1 μg/L
		水质　铜、锌、铅、镉的测定　原子吸收分光光度法	GB/T 7475—1987	第一部分为直接法，适用于地下水、地面水和中低浓度的铜、锌、铅、镉；第二部分为螯合萃取法，适用于测定地下水和清洁地面水中低浓度的铜、铅、镉	聚乙烯瓶	硝酸	加硝酸酸化至 pH 值为 1～2	—	—	—	直接法：0.05 mg/L；螯合萃取法：1 mg/L
		水质　65 种元素的测定　电感耦合等离子体质谱法	HJ 700—2014	地表水、地下水、生活污水、低浓度工业废水	聚乙烯瓶或硬质玻璃瓶	硝酸溶液：1+1	加（1+1）硝酸酸化至 pH＜2	14 d	250	洗涤剂洗 1 次，自来水洗 2 次，（1+3）硝酸荡洗 1 次，自来水洗 3 次，蒸馏水洗 1 次	0.05 μg/L
		水质　32 种元素的测定　电感耦合等离子体发射光谱法	HJ 776—2015	地表水、地下水、生活污水及工业废水	聚乙烯瓶或硬质玻璃瓶	硝酸	加硝酸，使硝酸含量达到 1%	14 d	250	用洗涤剂和水依次洗净聚乙烯瓶，置于（1+1）硝酸溶液浸泡 24 h，用实验水彻底洗净	水平检出限：0.05 mg/L；垂直检出限：0.005 mg/L

序号	测定项目	方法名称	方法依据	适用范围	采样容器	固定剂	保存方法及保存剂用量	保存期	采样量/mL	容器洗涤	检出限
9	镉	生活饮用水标准检验方法 金属指标（无火焰原子吸收分光光度法）	GB/T 5750.6—2006（9.1）	生活饮用水及其水源水	聚乙烯瓶	硝酸	加硝酸酸化至 pH＜2	14 d	500～1 000	将容器用水和洗涤剂清洗，除去灰尘、油垢后用自来水冲洗干净，然后用质量分数 10%的硝酸（或盐酸）浸泡 8 h，取出沥干后用自来水冲洗 3 次，并用蒸馏水充分淋洗干净	0.5 μg/L
		生活饮用水标准检验方法 金属指标（电感耦合等离子体质谱法）	GB/T 5750.6—2006（1.5）	生活饮用水及其水源水	聚乙烯瓶	硝酸	加硝酸酸化至 pH≤2	14 d	500～1 000	将容器用水和洗涤剂清洗，除去灰尘、油垢后用自来水冲洗干净，然后用质量分数 10%的硝酸（或盐酸）浸泡 8 h，取出沥干后用自来水冲洗 3 次，并用蒸馏水充分淋洗干净	0.06 μg/L

序号	测定项目	方法名称	方法依据	适用范围	采样容器	固定剂	保存方法及保存剂用量	保存期	采样量/mL	容器洗涤	检出限
10	铬（六价）	水质　六价铬的测定　二苯碳酰二肼分光光度法	GB/T 7467—1987	地面水和工业废水	玻璃容器	氢氧化钠	加氢氧化钠至pH为8，并在采集后尽快测定，如放置，不要超过24 h	24 h	—	—	0.004 mg/L
		水质　六价铬的测定　流动注射-二苯碳酰二肼光度法	HJ 908—2017	地表水、地下水和生活污水	—	氢氧化钠	加氢氧化钠调节样品pH值为8～9	24 h	250	—	0.001 mg/L
		生活饮用水标准检验方法 金属指标（二苯碳酰二肼分光光度法）	GB/T 5750.6—2006（10.1）	生活饮用水及其水源水	聚乙烯瓶或硬质玻璃瓶	氢氧化钠	加氢氧化钠调节pH值为7～9	尽快测定	500～1 000	将容器用水和洗涤剂清洗，除去灰尘、油垢后用自来水冲洗干净，然后用质量分数10%的硝酸（或盐酸）浸泡8 h，取出沥干后用自来水冲洗3次，并用蒸馏水充分淋洗干净	0.004 mg/L
11	汞	水质　汞的测定　冷原子荧光法（试行）	HJ/T 341—2007	地表水、地下水及氯离子含量较低的水样	—	—	—	—	—	—	0.001 5 μg/L
		水质　总汞的测定　冷原子吸收分光光度法	HJ 597—2011	地表水、地下水、工业废水和生活污水	—	盐酸	加盐酸酸化至pH<1，室温阴凉处保存	1个月	工业废水和生活污水采样量不少于500 mL，地表水和地下水采样量不少于1 000 mL	—	0.01 μg/L

序号	测定项目	方法名称	方法依据	适用范围	采样容器	固定剂	保存方法及保存剂用量	保存期	采样量/mL	容器洗涤	检出限
11	汞	水质　汞、砷、硒、铋和锑的测定　原子荧光法	HJ 694—2014	地表水、地下水、生活污水和工业废水	聚乙烯瓶或硬质玻璃瓶	浓盐酸	1 L 水样中加浓盐酸 10 mL	14 d	250	洗涤剂洗 1 次，自来水洗 2 次，（1+3）硝酸荡洗 1 次，自来水洗 3 次，去离子水洗 1 次	0.04 μg/L
		生活饮用水标准检验方法　金属指标（原子荧光法）	GB/T 5750.6—2006（8.1）	生活饮用水及清洁水源水	聚乙烯瓶或硬质玻璃瓶	硝酸	加（1+9）硝酸（含重铬酸钾 50 g/L）至 pH≤2	30 d	200	将容器用水和洗涤剂清洗，除去灰尘、油垢后用自来水冲洗干净，然后用质量分数 10%的硝酸（或盐酸）浸泡 8 h，取出沥干后用自来水冲洗 3 次，并用蒸馏水充分淋洗干净	0.1 μg/L
		生活饮用水标准检验方法　金属指标（冷原子吸收法）	GB/T 5750.6—2006（8.2）	生活饮用水及其水源水	聚乙烯瓶或硬质玻璃瓶	硝酸	加（1+9）硝酸（含重铬酸钾 50 g/L）至 pH≤2	30 d	200	将容器用水和洗涤剂清洗，除去灰尘、油垢后用自来水冲洗干净，然后用质量分数 10%的硝酸（或盐酸）浸泡 8 h，取出沥干后用自来水冲洗 3 次，并用蒸馏水充分淋洗干净	0.2 μg/L

序号	测定项目	方法名称	方法依据	适用范围	采样容器	固定剂	保存方法及保存剂用量	保存期	采样量/mL	容器洗涤	检出限
12	钴	水质　钴的测定　5-氯-2-（吡啶偶氮）-1，3-二氨基苯分光光度法	HJ 550—2015	地表水、工业废水和生活污水	—	硫酸或硝酸	加硫酸或硝酸酸化至pH＜2，0～4℃冷藏保存	14 d	—	洗涤剂洗1次，自来水洗2次，（1+3）硝酸荡洗1次，自来水洗3次，去离子水洗1次	0.009 mg/L
		水质　65种元素的测定　电感耦合等离子体质谱法	HJ 700—2014	地表水、地下水、生活污水、低浓度工业废水	聚乙烯瓶或硬质玻璃瓶	硝酸溶液：1+1	加（1+1）硝酸酸化至pH＜2	1个月	100	酸洗	0.03 μg/L
		水质　32种元素的测定　电感耦合等离子体发射光谱法	HJ 776—2015	地表水、地下水、生活污水及工业废水	聚乙烯瓶或硬质玻璃瓶	硝酸	加硝酸，使硝酸含量达到1%	1个月	100	用洗涤剂和水依次洗净聚乙烯瓶，置于（1+1）硝酸溶液浸泡24 h，用实验水彻底洗净	水平检出限：0.02 mg/L；垂直检出限：0.01 mg/L
		水质　钴的测定　火焰原子吸收分光光度法	HJ 957—2018	地表水、地下水和废水	聚乙烯瓶	硝酸	加硝酸酸化至pH≤2	14 d	250	洗涤剂洗1次，自来水洗2次，（1+3）硝酸荡洗1次，自来水洗3次，去离子水洗1次	0.05 mg/L
		水质　钴的测定　石墨炉原子吸收分光光度法	HJ 958—2018	地表水、地下水和废水	聚乙烯瓶	硝酸	加硝酸酸化至pH≤2	14 d	250	洗涤剂洗1次，自来水洗2次，（1+3）硝酸荡洗1次，自来水洗3次，去离子水洗1次	2 μg/L

序号	测定项目	方法名称	方法依据	适用范围	采样容器	固定剂	保存方法及保存剂用量	保存期	采样量/mL	容器洗涤	检出限
13	化学需氧量	水质　样品的保存和管理技术规定	HJ 493—2009	天然水、生活污水及工业废水等	硬质玻璃瓶	硫酸	用硫酸酸化，pH≤2	2 d	500	洗涤剂洗 1 次，自来水洗 3 次，蒸馏水洗 1 次	—
					聚乙烯瓶（桶）	—	−20℃冷冻	1 个月，最长 6 个月	100	—	
		水质　化学需氧量的测定　重铬酸盐法	HJ 828—2017	地表水、生活污水和工业废水。不适用于含氯化物浓度大于 1 000 mg/L（稀释后）化学需氧量的测定	硬质玻璃瓶	硫酸	加硫酸使 pH＜2，4℃冷藏保存	≤5 d	≥100	—	4 mg/L
		库伦法（B）	《水和废水监测分析方法（第四版）》，中国环境科学出版社，2002 年	工矿企业的工业废水控制分析	—	—	—	—	—	—	使用 1 mL 0.05 mol/L 重铬酸钾溶液进行标准值测定时：2 mg/L；使用 3 mL 0.05 mol/L 重铬酸钾溶液进行标准值测定：3 mg/L
		水质　化学需氧量的测定　快速消解分光光度法	HJ/T 399—2007	地表水、地下水、生活污水和工业废水。氯离子质量浓度不应大于 1 000 mg/L	玻璃容器	硫酸	24 h 内测定，加硫酸使 pH≤2，0～4℃冷藏保存	7 d	100	—	—
		水质　氰化物等的测定　真空检测管-电子比色法	HJ 659—2013	地下水、地表水、生活污水和工业废水中氰化物、氟化物、硫化物、二价锰、六价铬、镍、氨氮、苯胺、硝酸盐氮、亚硝酸盐氮、磷酸盐以及化学需氧量等污染物的快速分析	—	—	尽快现场测定，不需要加固定剂	—	—	—	10 mg/L

序号	测定项目	方法名称	方法依据	适用范围	采样容器	固定剂	保存方法及保存剂用量	保存期	采样量/mL	容器洗涤	检出限
13	化学需氧量	高氯废水 化学需氧量的测定 氯气校正法	HJ/T 70—2001	氯离子含量小于20 000 mg/L 的高氯废水，适用于油田、沿海炼油厂、氯碱厂、废水深海排放等废水	玻璃容器	硫酸	加硫酸使 pH<2，4℃冷藏保存，立即分析	5 d	100	—	—
		地表水和污水监测技术规范	HJ/T 91—2002	江河、湖泊、水库和渠道的水质监测，包括控制断面以及污染源排放污水	硬质玻璃瓶	硫酸	加硫酸使 pH≤2	2 d	500	洗涤剂洗 1 次，自来水洗 3 次，蒸馏水洗 1 次	重铬酸盐法：4 mg/L；库伦法：2 mg/L；快速 COD 法：①催化快速法；②密闭催化消解法；③节能加热法 2 mg/L
		地下水环境监测技术规范	HJ/T 164—2004	地下水的环境监测，包括国控监测井，控制监测井的背景值监测和污染控制监测	硬质玻璃瓶	硫酸	加硫酸使 pH≤2	2 d	500	洗涤剂洗 1 次，自来水洗 3 次，蒸馏水洗 1 次	重铬酸盐法：4 mg/L；库伦法：2 mg/L；快速 COD 法：①催化快速法；②密闭催化消解法；③节能加热法 2 mg/L
		生活饮用水标准检验方法 水样的采集与保存	GB/T 5750.2—2006	生活饮用水及其水源水	硬质玻璃瓶	硫酸	每升水样加入 0.8 mL 浓硫酸冷藏	24 h	3 000～5 000	将容器用水和洗涤剂清洗，除去灰尘、油垢后用自来水冲洗干净，然后用质量分数 10%的硝酸（或盐酸）浸泡 8 h，取出沥干后用自来水冲洗 3 次，并用蒸馏水充分淋洗干净	—

序号	测定项目	方法名称	方法依据	适用范围	采样容器	固定剂	保存方法及保存剂用量	保存期	采样量/mL	容器洗涤	检出限
14	浑浊度	生活饮用水标准检验方法 感官性状和物理指标（散射法-福尔马肼标准）	GB/T 5750.4—2006（2.1）	生活饮用水及其水源水	—	—	—	—	3 000～5 000	将容器用水和洗涤剂清洗，除去灰尘、油垢后用自来水冲洗干净，然后用质量分数 10%的硝酸（或盐酸）浸泡 8 h，取出沥干后用自来水冲洗 3 次，并用蒸馏水充分淋洗干净	0.5 散射浊度单位（NTU）
15	活性氯（游离氯）	生活饮用水标准检验方法 消毒剂指标 [*N*,*N*-二乙基对苯二胺（DPD）分光光度法]	GB/T 5750.11—2006（1.1）	适用于经氯化消毒后的生活饮用水及其水源水中游离余氯和各种形态的化合性余氯的测定	—	—	—	—	—	—	最低检测质量为 0.1 μg，若取 10 mL 水样测定，则最低检测质量浓度为 0.01 mg/L
		生活饮用水标准检验方法 消毒剂指标（3,3′,5,5′-四甲基苯胺比色法）	GB/T 5750.11—2006（1.2）	适用于经氯化消毒后的生活饮用水及其水源水中总余氯及游离余氯的测定	—	—	—	—	—	—	0.005 mg/L
		水质 游离氯和总氯的测定 *N*,*N*-二乙基-1,4-苯二胺分光光度法	HJ 586—2010	适用于地表水、工业废水、医疗废水、生活污水、中水和污水再生的景观用水中的游离氯和总氯的测定。不适用于测定较混浊或色度较高的水样	棕色玻璃瓶	氢氧化钠	样品应尽量现场测定。如样品不能现场测定预先加入采样体积 1%的氢氧化钠溶液到棕色瓶玻璃瓶中，采集水样使其充满采样瓶，立即加盖塞紧并密封，避免水样接触空气。若样品呈酸性，应加大氢氧化钠溶液的加入量，确保水样 pH＞12。水样用冷藏箱运回，4℃冷藏，避光保存	5 d	—	—	高浓度样品，采用 10 mm 比色皿，本方法的检出限（以 Cl_2 计）：0.03 mg/L；低浓度样品，采用 50 mm 比色皿，本方法的检出限（以 Cl_2 计）：0.004 mg/L

序号	测定项目	方法名称	方法依据	适用范围	采样容器	固定剂	保存方法及保存剂用量	保存期	采样量/mL	容器洗涤	检出限
15	活性氯（游离氯）	水质 游离氯和总氯的测定 *N*,*N*-二乙基-1,4-苯二胺滴定法	HJ 585—2010	适用于工业废水、医疗废水、生活污水、中水和污水再生的景观用水中的游离氯和总氯的测定	棕色玻璃瓶	氢氧化钠	样品应尽量现场测定。如样品不能现场测定预先加入采样体积1%的氢氧化钠溶液到棕色瓶玻璃瓶中，采集水样使其充满采样瓶，立即加盖塞紧并密封，避免水样接触空气。若样品呈酸性，应加大氢氧化钠溶液的加入量，确保水样pH＞12。水样用冷藏箱运回，4℃冷藏，避光保存	5 d	—	—	0.02 mg/L
		水质 样品的保存和管理技术规定	HJ 493—2009	天然水、生活污水及工业废水等	硬质聚乙烯瓶或硬质玻璃瓶（桶）	—	避光保存	5 min	500	—	—
16	硫化物	水质 硫化物的测定 亚甲基蓝分光光度法	GB/T 16489—1996	地面水、地下水、生活污水和工业废水	棕色瓶	氢氧化钠、乙酸锌—乙酸钠至沉淀完全	贮存在棕色瓶内	7 d	—	—	0.005 mg/L
		水质 硫化物的测定 直接显色分光光度法	GB/T 17133—1997	地面水、地下水及生活污水、造纸废水、石油化工废水、炼焦废水与印染废水等	聚乙烯瓶或硬质玻璃瓶	1 mL 1 mol/L 乙酸锌	避免阳光直射	24 h	500	—	0.008 mg/L
		水质 硫化物的测定 碘量法	HJ/T 60—2000	水和废水	—	0.3 mL 1 mol/L 乙酸锌，0.6 mL 1 mol/L 氢氧化钠	加0.3 mL 1 mol/L 乙酸锌，0.6 mL 1 mol/L 氢氧化钠调至pH在10～12，4℃冷藏，避光保存	—	—	—	0.40 mg/L

序号	测定项目	方法名称	方法依据	适用范围	采样容器	固定剂	保存方法及保存剂用量	保存期	采样量/mL	容器洗涤	检出限
16	硫化物	水质　硫化物的测定　气相分子吸收光谱法	HJ/T 200—2005	地表水、地下水、海水、饮用水、生活污水及工业污水	棕色玻璃瓶	乙酸锌+氢氧化钠	3～5 mL 乙酸锌+氢氧化钠，调至弱碱性，4℃冷藏保存	24 h	—	—	0.005 mg/L
		水质　硫化物的测定　流动注射-亚甲基蓝分光光度法	HJ 824—2017	地表水、地下水、生活污水和工业废水	聚乙烯瓶或硬质玻璃瓶	氢氧化钠、抗坏血酸	每升水样加 5 mL 15 mol/L 氢氧化钠和 4 g 抗坏血酸，使样品 pH≥11，常温避光保存	24 h	250	—	0.004 mg/L
17	硫酸盐	水质　硫酸盐的测定　火焰原子吸收分光光度法	GB/T 13196—1991	地表水、地下水及饮用水可溶性硫酸盐的测定	聚乙烯瓶（桶）	—	水样采集后，立即用 0.45 μm 滤膜抽滤除去悬浮物	—	—	—	0.4 mg/L
		水质　硫酸盐的测定　重量法	GB/T 11899—89	地面水、地下水、含盐水、生活污水及工业废水	聚乙烯瓶或硬质玻璃瓶	—	为了不使水样中可能存在的硫化物或亚硫酸盐被空气氧化，容器必须用水完全充满，不必加保护剂，可以冷藏较长时间，水样采集后，立即用 0.45 μm 滤膜过滤，滤液留待分析	可以冷藏较长时间	—	—	10 mg/L
		水质　无机阴离子（F^-、Cl^-、NO_2^-、Br^-、NO_3^-、PO_4^{3-}、SO_3^{2-}、SO_4^{2-}）的测定　离子色谱法	HJ 84—2001	地表水、地下水、工业废水、生活污水	聚乙烯瓶或硬质玻璃瓶	—	不需加固定剂，水样采集后应尽快分析，否则应经抽气过滤装置过滤，于 4℃下冷藏，避光保存	30 d	—	—	0.018 mg/L
		水质　硫酸盐的测定　铬酸钡分光光度法（试行）	HJ/T 342—2007	地表水、地下水中含量较低硫酸盐的测定	—	—	—	—	—	—	8 mg/L
		地表水和污水监测技术规范	HJ/T 91—2002	江河、湖泊、水库和渠道的水质监测，包括控制断面以及污染源排放污水	聚乙烯瓶或硬质玻璃瓶	—	0～4℃冷藏，避光保存	30 d	250	洗涤剂洗 1 次，自来水洗 3 次，蒸馏水洗 1 次	重量法：10 mg/L；铬酸钡光度法：8 mg/L；火焰原子吸收法：0.4 mg/L；离子色谱法：0.046 mg/L

序号	测定项目	方法名称	方法依据	适用范围	采样容器	固定剂	保存方法及保存剂用量	保存期	采样量/mL	容器洗涤	检出限
17	硫酸盐	地下水环境监测技术规范	HJ/T 164—2004	地下水的环境监测，包括国控监测井，控制监测井的背景值监测和污染控制监测	聚乙烯瓶或硬质玻璃瓶	—	0～4℃冷藏，避光保存	30 d	250	洗涤剂洗1次，自来水洗3次，蒸馏水洗1次	重量法：10 mg/L；铬酸钡光度法：8 mg/L；火焰原子吸收法：0.4 mg/L；离子色谱法：0.046 mg/L
		生活饮用水标准检验方法　水样的采集与保存	GB/T 5750.2—2006	生活饮用水及其水源水	聚乙烯瓶或硬质玻璃瓶	—	0～4℃冷藏，避光保存	28 d	3 000～5 000	将容器用水和洗涤剂清洗，除去灰尘、油垢后用自来水冲洗干净，然后用质量分数10%的硝酸（或盐酸）浸泡8 h，取出沥干后用自来水冲洗3次，并用蒸馏水充分淋洗干净	—
		水质　样品的保存和管理技术规定	HJ 493—2009	天然水、生活污水及工业废水等	聚乙烯瓶或硬质玻璃瓶	—	1～5℃冷藏	1个月	200	—	—
18	铝	水质　65种元素的测定　电感耦合等离子体质谱法	HJ 700—2014	地表水、地下水、生活污水、低浓度工业废水	聚乙烯瓶（桶）或硅硼酸盐玻璃瓶	硝酸溶液：1+1	加（1+1）硝酸酸化至pH＜2	30 d	100	洗涤剂洗1次，自来水洗2次，（1+3）硝酸荡洗1次，自来水洗3次，蒸馏水洗1次	1.15 μg/L

序号	测定项目	方法名称	方法依据	适用范围	采样容器	固定剂	保存方法及保存剂用量	保存期	采样量/mL	容器洗涤	检出限
19	氯化物	水质　氯化物的测定　硝酸汞滴定法	HJ/T 343—2007	地表水、地下水	—	—	—	—	—	—	2.5 mg/L
		水质　氯化物的测定　硝酸银滴定法	GB/T 11896—89	天然水中的氯化物，经过适当稀释的高矿化度水如咸水、海水，以及经过预处理除去干扰物的生活污水或工业废水	聚乙烯瓶或硬质玻璃瓶	—	不必加入特别的防腐剂	—	—	—	10 mg/L
		电位滴定法（B）	《水和废水监测分析方法（第四版）》，中国环境科学出版社，2002 年	地面水、地下水和工业废水，适用于带色或浑浊水样	聚乙烯瓶或硬质玻璃瓶	—	不必加入特别的防腐剂	—	—	—	3.45 mg/L
		水质　无机阴离子（F^-、Cl^-、NO_2^-、Br^-、NO_3^-、PO_4^{3-}、SO_3^{2-}、SO_4^{2-}）的测定　离子色谱法	HJ 84—2001	地表水、地下水、工业废水、生活污水	聚乙烯瓶或硬质玻璃瓶	—	不需加固定剂，水样采集后应尽快分析，否则应经抽气过滤装置过滤，于 4℃下冷藏，避光保存	30 d	—	—	0.007 mg/L
		地表水和污水监测技术规范	HJ/T 91—2002	江河、湖泊、水库和渠道的水质监测，包括控制断面以及污染源排放污水	聚乙烯瓶或硬质玻璃瓶	—	0～4℃冷藏，避光保存	30 d	250	洗涤剂洗 1 次，自来水洗 3 次，蒸馏水洗 1 次	硝酸银滴定法：2 mg/L；电位滴定法：3.4 mg/L；离子色谱法：0.04 mg/L；电极流动法：0.9 mg/L
		地下水环境监测技术规范	HJ/T 164—2004	地下水的环境监测，包括国控监测井，控制监测井的背景值监测和污染控制监测	聚乙烯瓶或硬质玻璃瓶	—	0～4℃冷藏，避光保存	30 d	250	洗涤剂洗 1 次，自来水洗 3 次，蒸馏水洗 1 次	硝酸银滴定法：2 mg/L；电位滴定法：3.4 mg/L；离子色谱法：0.04 mg/L；电极流动法：0.9 mg/L

序号	测定项目	方法名称	方法依据	适用范围	采样容器	固定剂	保存方法及保存剂用量	保存期	采样量/mL	容器洗涤	检出限
19	氯化物	生活饮用水标准检验方法 水样的采集与保存	GB/T 5750.2—2006	生活饮用水及其水源水	聚乙烯瓶或硬质玻璃瓶	—	0～4℃冷藏，避光保存	28 d	3 000～5 000	将容器用水和洗涤剂清洗，除去灰尘、油垢后用自来水冲洗干净，然后用质量分数10%的硝酸（或盐酸）浸泡8 h，取出沥干后用自来水冲洗3次，并用蒸馏水充分淋洗干净	—
		水质 样品的保存和管理技术规定	HJ 493—2009	天然水、生活污水及工业废水等	聚乙烯瓶或硬质玻璃瓶	—	1～5℃冷藏，避光保存	30 d	250	洗涤剂洗1次，自来水洗3次，蒸馏水洗1次	—
20	锰	水质 锰的测定 高碘酸钾分光光度法	GB/T 11906—1989	饮用水、地面水、地下水及工业废水	聚乙烯瓶或硬质玻璃瓶	硝酸	加硝酸酸化至pH≤2	—	—	—	0.02 mg/L
		水质 铁、锰的测定 火焰原子吸收分光光度法	GB/T 11911—1989	地面水、地下水及工业废水	聚乙烯瓶	硝酸	加硝酸酸化至pH值为1～2	—	—	洗涤剂洗净，再用（1+1）硝酸浸泡24 h，然后用水冲洗干净	0.01 mg/L
		水质 氰化物等的测定 真空检测管-电子比色法	HJ 659—2013	地下水、地表水、生活污水和工业废水	聚乙烯瓶或硬质玻璃瓶	无须添加固定剂	—	现场测定	250	洗涤剂洗1次，自来水洗2次，（1+3）硝酸荡洗1次，自来水洗3次，蒸馏水洗1次	0.5 mg/L

序号	测定项目	方法名称	方法依据	适用范围	采样容器	固定剂	保存方法及保存剂用量	保存期	采样量/mL	容器洗涤	检出限
20	锰	水质 65种元素的测定 电感耦合等离子体质谱法	HJ 700—2014	地表水、地下水、生活污水、低浓度工业废水	聚乙烯瓶或硬质玻璃瓶	硝酸	加硝酸酸化至 pH≤2	14 d	250	洗涤剂洗1次，自来水洗2次，（1+3）硝酸荡洗1次，自来水洗3次，蒸馏水洗1次	0.12 μg/L
		水质 32种元素的测定电感耦合等离子体发射光谱法	HJ 776—2015	地表水、地下水、生活污水及工业废水	聚乙烯瓶或硬质玻璃瓶	硝酸	加硝酸，使硝酸含量达到 1%	14 d	250	用洗涤剂和水依次洗净聚乙烯瓶，置于（1+1）硝酸溶液浸泡 24 h，用实验水彻底洗净	水平检出限：0.01 mg/L；垂直检出限：0.004 mg/L
		生活饮用水标准检验方法 金属指标（原子吸光分光法）	GB/T 5750.6—2006（3.1）	生活饮用水及其水源水	聚乙烯瓶	硝酸	加硝酸酸化至 pH≤2	14 d	500～1 000	将容器用水和洗涤剂清洗，除去灰尘、油垢后用自来水冲洗干净，然后用质量分数10%的硝酸（或盐酸）浸泡8 h，取出沥干后用自来水冲洗3次，并用蒸馏水充分淋洗干净	0.1 mg/L

序号	测定项目	方法名称	方法依据	适用范围	采样容器	固定剂	保存方法及保存剂用量	保存期	采样量/mL	容器洗涤	检出限
20	锰	生活饮用水标准检验方法 金属指标（电感耦合等离子体发射光谱法）	GB/T 5750.6—2006（1.4）	生活饮用水及其水源水	聚乙烯瓶	硝酸	加硝酸酸化至 pH≤2	14 d	500～1 000	将容器用水和洗涤剂清洗，除去灰尘、油垢后用自来水冲洗干净，然后用质量分数 10%的硝酸（或盐酸）浸泡 8 h，取出沥干后用自来水冲洗 3 次，并用蒸馏水充分淋洗干净	0.5 μg/L
		生活饮用水标准检验方法 金属指标（电感耦合等离子体质谱法）	GB/T 5750.6—2006（1.5）	生活饮用水及其水源水	聚乙烯瓶	硝酸	加硝酸酸化至 pH≤2	14 d	500～1 000	将容器用水和洗涤剂清洗，除去灰尘、油垢后用自来水冲洗干净，然后用质量分数 10%的硝酸（或盐酸）浸泡 8 h，取出沥干后用自来水冲洗 3 次，并用蒸馏水充分淋洗干净	0.06 μg/L
21	钼	水质 65 种元素的测定 电感耦合等离子体质谱法	HJ 700—2014	地表水、地下水、生活污水、低浓度工业废水	—	硝酸溶液：1+1	加（1+1）硝酸酸化至 pH＜2	—	—	洗涤剂洗 1 次，自来水洗 2 次，（1+3）硝酸荡洗 1 次，自来水洗 3 次，蒸馏水洗 1 次	0.06 μg/L

序号	测定项目	方法名称	方法依据	适用范围	采样容器	固定剂	保存方法及保存剂用量	保存期	采样量/mL	容器洗涤	检出限
21	钼	水质　32 种元素的测定　电感耦合等离子体发射光谱法	HJ 776—2015	地表水、地下水、生活污水及工业废水	—	硝酸	加硝酸，使硝酸含量达到 1%	—	—	用洗涤剂和水依次洗净聚乙烯瓶，置于（1+1）硝酸溶液浸泡 24 h，用实验水彻底洗净	水平检出限：0.05 mg/L；垂直检出限：0.02 mg/L
		水质　钼和钛的测定　石墨炉原子吸收分光光度法	HJ 807—2016	地表水、地下水、生活污水和工业废水	聚乙烯瓶	硝酸	加硝酸酸化至 pH 值为 1～2	14 d	250	洗涤剂洗 1 次，自来水洗 2 次，（1+3）硝酸荡洗 1 次，自来水洗 3 次，去离子水洗 1 次	0.6 μg/L
22	钠	水质　钾和钠的测定　火焰原子吸收分光光度法	GB/T 11904—1989	地面水和饮用水	聚乙烯瓶	硝酸溶液：1+1	加（1+1）硝酸调至 pH 值为 1～2	—	—	—	0.01 mg/L
23	镍	水质　镍的测定　丁二酮肟分光光度法	GB/T 11910—1989	工业废水及受到镍污染的环境水	—	硝酸	加硝酸调节 pH 值为 1～2	—	—	—	0.25 mg/L
		水质　镍的测定　火焰原子吸收分光光度法	GB/T 11912—1989	工业废水及受到污染的环境水样	聚乙烯瓶	硝酸	加硝酸调节 pH 值为 1～2	—	—	采样瓶用洗涤剂洗净，再用硝酸（1+1）硝酸浸泡 24 h 以上，然后用水冲洗干净	0.05 mg/L
24	硼	水质　硼的测定　姜黄素分光光度法	HJ/T49—1999	农田灌溉水、地下水和城市污水中硼的测定	聚乙烯瓶（桶）	—	冷藏避光保存	1 个月	—	—	试样体积 1.0 mL，20 mm 比色皿：0.02 mg/L

序号	测定项目	方法名称	方法依据	适用范围	采样容器	固定剂	保存方法及保存剂用量	保存期	采样量/mL	容器洗涤	检出限
24	硼	水质 65种元素的测定 电感耦合等离子体质谱法	HJ700—2014	地表水、地下水、生活污水、低浓度工业废水中银、铝、砷、金、硼、钡、铍、铋、钙、镉、铈、钴、铬、铯、铜、镝、铒、铕、铁、镓、钆、锗、铪、钬、铟、铱、钾、镧、锂、镥、镁、锰、钼、钠、铌、钕、镍、磷、铅、钯、镨、铂、铷、铼、铑、钌、锑、钪、硒、钐、锡、锶、铽、碲、钍、钛、铊、铥、铀、钒、钨、钇、镱、锌、锆的测定	—	硝酸	可溶性元素样品及元素总量样品保存均加入适量硝酸将酸度调节至pH<2	—	—	—	1.25 μg/L
		水质 32种元素的测定 电感耦合等离子体发射光谱法	HJ 776—2015	地表水、地下水、生活污水及工业废水中银、铝、砷、硼、钡、铍、铋、钙、镉、钴、铬、铜、铁、钾、锂、镁、锰、钼、钠、镍、磷、铅、硫、锑、硒、硅、锡、锶、钛、钒、锌及锆等32种元素可溶性元素及元素总量的测定	—	硝酸	可溶性元素样品及元素总量样品保存均加入适量硝酸将酸度调节至pH<2	—	—	—	0.01 mg/L

序号	测定项目	方法名称	方法依据	适用范围	采样容器	固定剂	保存方法及保存剂用量	保存期	采样量/mL	容器洗涤	检出限
24	硼	地表水和污水监测技术规范	HJ/T 91—2002	江河、湖泊、水库和渠道的水质监测，包括控制断面以及污染源排放污水	聚乙烯瓶（桶）	硝酸	1 L 水样中加浓硝酸 10 mL 酸化	14 d	250	洗涤剂洗 1 次，自来水洗 3 次，蒸馏水洗 1 次	姜黄素分光光度法：0.02 mg/L
		生活饮用水标准检验方法　水样的采集与保存	GB/T 5750.2—2006	生活饮用水及其水源水	聚乙烯瓶（桶）	—	—	14 d	500～1 000	—	—
		水质　样品的保存和管理技术规定	HJ 493—2009	天然水、生活污水及工业废水等	聚乙烯瓶（桶）	硝酸	1 L 水样中加浓硝酸 10 mL 酸化	1 个月	250	酸洗洗涤剂洗 1 次，自来水洗 3 次，蒸馏水洗 1 次	—
25	铍	水质　铍的测定　石墨炉原子吸收分光光度法	HJ/T 59—2000	地表水和污水中铍的分析	聚乙烯瓶（桶）	硫酸	采样后立即加入硫酸，调至 pH 值为 1～2	—	—	采样前将所用聚乙烯瓶用洗涤剂洗净，再用 10%硝酸溶液荡洗，最后用水冲洗干净	0.02 μg/L
		生活饮用水标准检验方法　金属指标（桑色素荧光分光光度法）	GB/T 5750.6—2006（20.1）	生活饮用水及其水源水中铍的测定	—	—	—	—	—	—	方法最低检测质量为 0.1 μg；若取 20 mL 水样测定，则最低检测质量浓度为 5 μg/L；若取 500 mL 水样富集后测定，最低检测质量浓度为 0.2 μg/L
		水质　铍的测定　铬菁 R 分光光度法	HJ/T 58—2000	地表水和污水中铍的分析	聚乙烯瓶（桶）	盐酸	用盐酸将水样酸化至 pH 值为 1～2	—	—	采样所用聚乙烯瓶用洗涤剂洗净，再用 10%盐酸浸泡 24 h，最后用水冲洗干净	0.2 μg/L

序号	测定项目	方法名称	方法依据	适用范围	采样容器	固定剂	保存方法及保存剂用量	保存期	采样量/mL	容器洗涤	检出限
25	铍	水质　65种元素的测定　电感耦合等离子体质谱法	HJ 700—2014	地表水、地下水、生活污水、低浓度工业废水中银、铝、砷、金、硼、钡、铍、铋、钙、镉、铈、钴、铬、铯、铜、镝、铒、铕、铁、镓、钆、锗、铪、钬、铟、铱、钾、镧、锂、镥、镁、锰、钼、钠、铌、钕、镍、磷、铅、钯、镨、铂、铷、铼、铑、钌、锑、钪、硒、钐、锡、锶、铽、碲、钍、钛、铊、铥、铀、钒、钨、钇、镱、锌、锆的测定	—	硝酸	可溶性元素样品及元素总量样品保存均加入适量硝酸将酸度调节至 pH＜2	—	—	—	0.04 μg/L
		水质　32种元素的测定　电感耦合等离子体发射光谱法	HJ 776—2015	地表水、地下水、生活污水及工业废水中银、铝、砷、硼、钡、铍、铋、钙、镉、钴、铬、铜、铁、钾、锂、镁、锰、钼、钠、镍、磷、铅、硫、锑、硒、硅、锡、锶、钛、钒、锌及锆等32种元素可溶性元素及元素总量的测定	—	硝酸	可溶性元素样品及元素总量样品保存均加入适量硝酸将酸度调节至 pH＜2	—	—	—	0.008 mg/L

序号	测定项目	方法名称	方法依据	适用范围	采样容器	固定剂	保存方法及保存剂用量	保存期	采样量/mL	容器洗涤	检出限
25	铍	地表水和污水监测技术规范	HJ/T 91—2002	江河、湖泊、水库和渠道的水质监测，包括控制断面以及污染源排放污水	聚乙烯瓶或硬质玻璃瓶	硝酸	1 L 水样中加浓硝酸 10 mL	14 d	250	洗涤剂洗 1 次，自来水洗 2 次，（1+3）硝酸荡洗 1 次，自来水洗 3 次，去离子水洗 1 次	石墨炉原子吸收法：0.02ug/L；铬菁 R 分光光度法：0.2 μg/L；等离子发射光谱法：0.008 mg/L
		地下水环境监测技术规范	HJ/T 164—2004	地下水的环境监测，包括国控监测井，控制监测井的背景值监测和污染控制监测	聚乙烯瓶或硬质玻璃瓶	硝酸	1 L 水样中加浓硝酸 10 mL	14 d	250	洗涤剂洗 1 次，自来水洗 2 次，（1+3）硝酸荡洗 1 次，自来水洗 3 次，去离子水洗 1 次	石墨炉原子吸收法：0.02ug/L；铬菁 R 分光光度法：0.2 μg/L；等离子发射光谱法：0.008 mg/L
		生活饮用水标准检验方法　水样的采集与保存	GB/T 5750.2—2006	生活饮用水及其水源水	聚乙烯瓶（桶）	硝酸	加入硝酸使 pH≤2	14 d	500～1 000	—	—
		水质　样品的保存和管理技术规定	HJ 493—2009	天然水、生活污水及工业废水等	聚乙烯瓶或硬质玻璃瓶	硝酸	1 L 水样中加浓硝酸 10 mL	14 d	250	洗涤剂洗 1 次，自来水洗 2 次，（1+3）硝酸荡洗 1 次，自来水洗 3 次，去离子水洗 1 次	—
26	铅	水质　铜、锌、铅、镉的测定　原子吸收分光光度法	GB 7475—1987	第一部分为直接法，适用于地下水、地面水和中低浓度的铜、锌、铅、镉；第二部分为螯合萃取法，适用于测定地下水和清洁地面水中低浓度的铜、铅、镉	聚乙烯瓶	硝酸	加硝酸酸化至 pH＜2	—	—	—	直接法：0.2 mg/L；螯合萃取法：10 mg/L
		水质　铅的测定　双硫腙分光光度法	GB/T 7470—1987	天然水和废水中微量铅	—	2%硝酸，碘溶液	加硝酸酸化至 pH 值约为 1.5，加入 5 mL 碘溶液	—	—	—	0.010 mg/L
		水质　65 种元素的测定　电感耦合等离子体质谱法	HJ 700—2014	地表水、地下水、生活污水、低浓度工业废水	聚乙烯瓶或硬质玻璃瓶	硝酸溶液：1+1	加（1+1）硝酸酸化至 pH＜2	14 d	250	洗涤剂洗 1 次，自来水洗 2 次，（1+3）硝酸荡洗 1 次，自来水洗 3 次，蒸馏水洗 1 次	0.09 μg/L

序号	测定项目	方法名称	方法依据	适用范围	采样容器	固定剂	保存方法及保存剂用量	保存期	采样量/mL	容器洗涤	检出限
26	铅	水质　32 种元素的测定　电感耦合等离子体发射光谱法	HJ 776—2015	地表水、地下水、生活污水及工业废水	聚乙烯瓶或硬质玻璃瓶	硝酸	加硝酸，使硝酸含量达到 1%	14 d	250	用洗涤剂和水依次洗净聚乙烯瓶，置于（1+1）硝酸溶液浸泡 24 h，用实验水彻底洗净	水平检出限：0.1 mg/L；垂直检出限：0.07 mg/L
27	氰化物	水质　氰化物的测定　容量法和分光光度法	HJ 484—2009	地表水、生活污水和工业废水	聚乙烯瓶或硬质玻璃瓶	加氢氧化钠至 pH＞12	0～4℃冷藏保存	24 h	500	用所采水样淋洗 3 次	硝酸银滴定法：0.25 mg/L；异烟酸-吡唑啉酮分光光度法：0.004 mg/L；异烟酸-巴比妥酸分光光度法：0.001 mg/L；吡啶-巴比妥酸分光光度法：0.002 mg/L
28	溶解性总固体	生活饮用水标准检验方法 感官性状和物理指标（称量法）	GB/T 5750.4—2006（8.1）	生活饮用水及其水源水	—	—	—	—	3 000～5 000	将容器用水和洗涤剂清洗，除去灰尘、油垢后用自来水冲洗干净，然后用质量分数 10%的硝酸（或盐酸）浸泡 8 h，取出沥干后用自来水冲洗 3 次，并用蒸馏水充分淋洗干净	—

序号	测定项目	方法名称	方法依据	适用范围	采样容器	固定剂	保存方法及保存剂用量	保存期	采样量/mL	容器洗涤	检出限
29	溶解氧	水质　溶解氧的测定　碘量法	GB/T 7489—1987	—	溶解氧瓶	硫酸锰和碱性碘化钾	加 1 mL 硫酸锰和 2 mL 碱性碘化钾，在液面下加入。将细口瓶上下颠倒转动几次，使瓶内的成分充分混合，静置沉淀至少 5 min，然后重新颠倒混合，保证混合均匀，避光保存	24 h	满瓶	—	0.2 mg/L
		水质　溶解氧的测定　电化学探头法	HJ 506—2009	地表水、地下水、生活污水、工业废水和盐水	—	—	现场测定	—	—	—	—
		地表水和污水监测技术规范	HJ/T 91—2002	江河、湖泊、水库和渠道的水质监测，包括控制断面以及污染源排放污水	溶解氧瓶	硫酸锰，碱性碘化钾叠氮化钠溶液	加入硫酸锰，碱性碘化钾叠氮化钠溶液，现场固定	24 h	250	洗涤剂洗 1 次，自来水洗 3 次，蒸馏水洗 1 次	碘量法：0.2 mg/L；电化学探头法：—
		地下水环境监测技术规范	HJ/T 164—2004	地下水的环境监测，包括国控监测井，控制监测井的背景值监测和污染控制监测	溶解氧瓶	硫酸锰，碱性碘化钾溶液	加入硫酸锰，碱性碘化钾溶液，现场固定	24 h	250	洗涤剂洗 1 次，自来水洗 3 次，蒸馏水洗 1 次	碘量法：0.2 mg/L；电化学探头法：—
		生活饮用水标准检验方法　水样的采集与保存	GB/T 5750.2—2006	生活饮用水及其水源水	溶解氧瓶	硫酸锰，碱性碘化钾叠氮化钠溶液	加入硫酸锰，碱性碘化钾叠氮化钠溶液，现场固定	24 h	—	将容器用水和洗涤剂清洗，除去灰尘、油垢后用自来水冲洗干净，然后用质量分数 10%的硝酸（或盐酸）浸泡 8 h，取出沥干后用自来水冲洗 3 次，并用蒸馏水充分淋洗干净	—

序号	测定项目	方法名称	方法依据	适用范围	采样容器	固定剂	保存方法及保存剂用量	保存期	采样量/mL	容器洗涤	检出限
29	溶解氧	水质　样品的保存和管理技术规定	HJ 493—2009	天然水、生活污水及工业废水等	溶解氧瓶	硫酸锰，碱性碘化钾叠氮化钠溶液	尽量现场测定，加入硫酸锰，碱性碘化钾叠氮化钠溶液，现场固定	24 h	500	洗涤剂洗 1 次，自来水洗 3 次，蒸馏水洗 1 次	—
30	肉眼可见物	生活饮用水标准检验方法 感官性状和物理指标（直接观察法）	GB/T 5750.4—2006（4.1）	生活饮用水及其水源水中肉眼可见物的测定	—	—	—	—	3 000～5 000	—	—
31	色度	水质　色度的测定	GB/T 11903—1989	铂钴标准比色法适用于清洁水、轻度污染并略带有黄色调的水，比较清洁的地面水、地下水和饮用水等；稀释倍数法适用于污染较严重的地面水和工业废水	玻璃容器	—	贮存于暗处，避免与空气接触，同时要避免温度的变化	—	1 000	盐酸或表面活性剂溶液清洗，然后用蒸馏水或去离子水清洗、沥干	—
32	砷	水质　总砷的测定　二乙基二硫代氨基甲酸银分光光度法	GB/T 7485—1987	水和废水	—	—	—	—	—	—	0.007 mg/L
		水质　痕量砷的测定　硼氢化钾-硝酸银分光光度法	GB/T 11900—1989	地面水、地下水和饮用水中痕量砷	聚乙烯瓶或硬质玻璃瓶	硫酸	加硫酸使 pH＜2，低温保存	—	—	—	0.4 μg/L
		水质　汞、砷、硒、铋和锑的测定　原子荧光法	HJ 694—2014	地表水、地下水、生活污水和工业废水	聚乙烯瓶或硬质玻璃瓶	浓硝酸	1 L 水样中加浓硝酸 10 mL	14 d	250	洗涤剂洗 1 次，自来水洗 2 次，（1+3）硝酸荡洗 1 次，自来水洗 3 次，去离子水洗 1 次	0.3 μg/L
		水质　65 种元素的测定　电感耦合等离子体质谱法	HJ 700—2014	地表水、地下水、生活污水、低浓度工业废水	聚乙烯瓶或硬质玻璃瓶	硝酸溶液：1+1	加（1+1）硝酸酸化至 pH＜2	14 d	250	洗涤剂洗 1 次，自来水洗 2 次，（1+3）硝酸荡洗 1 次，自来水洗 3 次，蒸馏水洗 1 次	0.12 μg/L

序号	测定项目	方法名称	方法依据	适用范围	采样容器	固定剂	保存方法及保存剂用量	保存期	采样量/mL	容器洗涤	检出限
32	砷	水质 32种元素的测定 电感耦合等离子体发射光谱法	HJ 776—2015	地表水、地下水、生活污水及工业废水	聚乙烯瓶或硬质玻璃瓶	硝酸	加硝酸，使硝酸含量达到1%	14 d	250	用洗涤剂和水依次洗净聚乙烯瓶，置于（1+1）硝酸溶液浸泡24 h，用实验水彻底洗净	水平检出限：0.2 mg/L；垂直检出限：0.2 mg/L
		生活饮用水标准检验方法 金属指标（氢化物原子荧光法）	GB/T 5750.6—2006（6.1）	生活饮用水及其水源水	聚乙烯瓶或硬质玻璃瓶	硫酸	加硫酸酸化至pH≤2	7 d	200	将容器用水和洗涤剂清洗，除去灰尘、油垢后用自来水冲洗干净，然后用质量分数10%的硝酸（或盐酸）浸泡8 h，取出沥干后用自来水冲洗3次，并用蒸馏水充分淋洗干净	1.0 μg/L
		生活饮用水标准检验方法 金属指标（电感耦合等离子体质谱法）	GB/T 5750.6—2006（1.5）	生活饮用水及其水源水	聚乙烯瓶或硬质玻璃瓶	硫酸	加硫酸酸化至pH≤2	7 d	200	将容器用水和洗涤剂清洗，除去灰尘、油垢后用自来水冲洗干净，然后用质量分数10%的硝酸（或盐酸）浸泡8 h，取出沥干后用自来水冲洗3次，并用蒸馏水充分淋洗干净	0.09 μg/L

序号	测定项目	方法名称	方法依据	适用范围	采样容器	固定剂	保存方法及保存剂用量	保存期	采样量/mL	容器洗涤	检出限
33	生化需氧量	水质 五日生化需氧量（BOD_5）的测定 稀释与接种法	HJ 505—2009	地表水、工业废水、生活污水	棕色玻璃瓶	—	充满并密封于棕色玻璃瓶中，0～4℃冷藏，避光保存，如 24 h 内不能分析，可冷冻保存	24 h	≥1000	—	0.5 mg/L
		水质 生化需氧量（BOD）的测定 微生物传感器快速测定法	HJ/T 86—2002	地表水、生活污水和不含对微生物有明显毒性的工业废水	聚乙烯塑料桶	—	样品采集不能在 2 h 内分析时，应在 0～4℃冷藏保存，并在 6 h 内分析，但绝不能超过 24 h	6 h	—	—	—
		地表水和污水监测技术规范	HJ/T 91—2002	江河、湖泊、水库和渠道的水质监测，包括控制断面以及污染源排放污水	溶解氧瓶	—	0～4℃冷藏，避光保存	12 h	250	洗涤剂洗 1 次，自来水洗 3 次，蒸馏水洗 1 次	稀释与接种法：2 mg/L；微生物传感器快速测定法：—
		地下水环境监测技术规范	HJ/T 164—2004	地下水的环境监测，包括国控监测井，控制监测井的背景值监测和污染控制监测	溶解氧瓶	—	0～4℃冷藏，避光保存	12 h	1 000	洗涤剂洗 1 次，自来水洗 3 次，蒸馏水洗 1 次	稀释与接种法：2 mg/L；微生物传感器快速测定法：—
					聚乙烯瓶（桶）	—	冷冻保存	24 h			
		生活饮用水标准检验方法 水样的采集与保存	GB/T 5750.2—2006	生活饮用水及其水源水	溶解氧瓶	—	0～4℃冷藏，避光保存	12 h	3 000～5 000	洗涤剂洗 1 次，自来水洗 3 次，蒸馏水洗 1 次	—
		水质 样品的保存和管理技术规定	HJ 493—2009	天然水、生活污水及工业废水等	溶解氧瓶	—	1～5℃冷藏，避光保存	12 h	250	洗涤剂洗 1 次，自来水洗 3 次，蒸馏水洗 1 次	—
					聚乙烯瓶（桶）	—	−20℃冷冻	1 个月	1 000	—	
34	水温	水质 水温的测定 温度计或颠倒温度计测定法	GB/T 13195—1991	井水、江河水、湖泊和水库水，以及海水水温	—	—	—	—	—	—	水温计：0.2℃；深水温度计：0.2℃；颠倒温度计主温计：0.1℃，辅温计：0.5℃

序号	测定项目	方法名称	方法依据	适用范围	采样容器	固定剂	保存方法及保存剂用量	保存期	采样量/mL	容器洗涤	检出限
35	铊	水质　65种元素的测定　电感耦合等离子体质谱法	HJ 700—2014	地表水、地下水、生活污水、低浓度工业废水	—	硝酸溶液：1+1	加（1+1）硝酸酸化至pH＜2	—	—	—	0.02 μg/L
		水质　铊的测定　石墨炉原子吸收分光光度法	HJ 748—2015	地表水、地下水、生活污水和工业废水	聚乙烯瓶或硬质玻璃瓶	硝酸	加10 mL硝酸	14 d	1 000	—	0.83　μg/L
36	锑	水质　汞、砷、硒、铋和锑的测定　原子荧光法	HJ 694—2014	地表水、地下水、生活污水和工业废水	聚乙烯瓶或硬质玻璃瓶	浓盐酸	1 L水样中加浓盐酸2 mL	14 d	250	洗涤剂洗1次，自来水洗2次，（1+3）硝酸荡洗1次，自来水洗3次，去离子水洗1次	0.2 μg/L
37	铁	水质　铁、锰的测定　火焰原子吸收分光光度法	GB/T 11911—1989	地面水、地下水及工业废水	聚乙烯瓶	硝酸	加硫酸酸化至pH值为1～2	—	—	洗涤剂洗净，再用（1+1）硝酸浸泡24 h，然后用水冲洗干净	0.03 mg/L
		水质　铁的测定　邻菲啰啉分光光度法（试行）	HJ/T 345—2007	地表水、地下水及废水	—	盐酸	加盐酸酸化至pH＜1	—	—	—	0.03 mg/L
		水质　65种元素的测定　电感耦合等离子体质谱法	HJ 700—2014	地表水、地下水、生活污水、低浓度工业废水	聚乙烯瓶（桶）或硅硼酸盐玻璃瓶	硝酸溶液：1+1	加（1+1）硝酸酸化至pH＜2	1个月	100	洗涤剂洗1次，自来水洗2次，（1+3）硝酸荡洗1次，自来水洗3次，蒸馏水洗1次	0.82 μg/L

序号	测定项目	方法名称	方法依据	适用范围	采样容器	固定剂	保存方法及保存剂用量	保存期	采样量/mL	容器洗涤	检出限
37	铁	水质 32种元素的测定 电感耦合等离子体发射光谱法	HJ 776—2015	地表水、地下水、生活污水及工业废水	聚乙烯瓶（桶）或硅硼酸盐玻璃瓶	硝酸	加硝酸，使硝酸含量达到1%	1个月	100	用洗涤剂和水依次洗净聚乙烯瓶，置于(1+1)硝酸溶液浸泡24 h，用实验水彻底洗净	水平检出限：0.01 mg/L；垂直检出限：0.02 mg/L
		生活饮用水标准检验方法 金属指标（原子吸收分光光度法）	GB/T 5750.6—2006（2.1）	生活饮用水及其水源水	聚乙烯瓶	硝酸	加硝酸酸化至pH≤2	14 d	500～1 000	将容器用水和洗涤剂清洗，除去灰尘、油垢后用自来水冲洗干净，然后用质量分数10%的硝酸（或盐酸）浸泡8 h，取出沥干后用自来水冲洗3次，并用蒸馏水充分淋洗干净	0.3 mg/L
		生活饮用水标准检验方法 金属指标（二氮杂菲分光光度法）	GB/T 5750.6—2006（2.2）	生活饮用水及其水源水	—	—	—	—	—	—	0.05 mg/L
		生活饮用水标准检验方法 金属指标（电感耦合等离子体发射光谱法）	GB/T 5750.6—2006（1.4）	生活饮用水及其水源水	聚乙烯瓶	硝酸	加硝酸酸化至pH≤2	14 d	500～1 000	将容器用水和洗涤剂清洗，除去灰尘、油垢后用自来水冲洗干净，然后用质量分数10%的硝酸（或盐酸）浸泡8 h，取出沥干后用自来水冲洗3次，并用蒸馏水充分淋洗干净	4.5 μg/L

序号	测定项目	方法名称	方法依据	适用范围	采样容器	固定剂	保存方法及保存剂用量	保存期	采样量/mL	容器洗涤	检出限
37	铁	生活饮用水标准检验方法 金属指标（电感耦合等离子体质谱法）	GB/T 5750.6—2006（1.5）	生活饮用水及其水源水	聚乙烯瓶	硝酸	加硝酸酸化至 pH≤2	14 d	500～1 000	将容器用水和洗涤剂清洗，除去灰尘、油垢后用自来水冲洗干净，然后用质量分数 10%的硝酸（或盐酸）浸泡 8 h，取出沥干后用自来水冲洗 3 次，并用蒸馏水充分淋洗干净	0.9 μg/L
38	铜	水质 铜、锌、铅、镉的测定 原子吸收分光光度法	GB 7475—1987	第一部分为直接法，适用于地下水、地面水和中低浓度的铜、锌、铅、镉；第二部分为螯合萃取法，适用于测定地下水和清洁地面水中低浓度的铜、铅、镉	聚乙烯瓶	硝酸	加硝酸酸化至 pH 值为 1～2	—	—	—	直接法：0.05 mg/L；螯合萃取法：1 mg/L
		水质 铜的测定 二乙基二硫代氨基甲酸钠分光光度法	HJ 485—2009	地表水、地下水、生活污水和工业废水	—	盐酸	加盐酸酸化至 pH=1.5（仅适合测定水中的总铜）	尽快分析	—	—	0.010 mg/L
		水质 铜的测定 2,9-二甲基-1,10-菲啰啉分光光度法	HJ 486—2009	直接光度法适用于较清洁的地表水和地下水中可溶性铜和总铜的测定。萃取光度法适用于地表水、地下水、生活污水和工业废水中可溶性铜和总铜的测定	聚乙烯瓶	盐酸	加盐酸酸化至 pH=1.5（仅适合测定水中的总铜）	尽快分析	—	—	直接光度法：0.03 mg/L；萃取光度法：0.02 mg/L

序号	测定项目	方法名称	方法依据	适用范围	采样容器	固定剂	保存方法及保存剂用量	保存期	采样量/mL	容器洗涤	检出限
38	铜	水质 65种元素的测定 电感耦合等离子体质谱法	HJ 700—2014	地表水、地下水、生活污水、低浓度工业废水	聚乙烯瓶	硝酸溶液：1+1	加（1+1）硝酸酸化至pH＜2	14 d	250	洗涤剂洗1次，自来水洗2次，（1+3）硝酸荡洗1次，自来水洗3次，蒸馏水洗1次	0.08 μg/L
		水质 32种元素的测定 电感耦合等离子体发射光谱法	HJ 776—2015	地表水、地下水、生活污水及工业废水	聚乙烯瓶	硝酸	加硝酸，使硝酸含量达到1%	14 d	250	用洗涤剂和水依次洗净聚乙烯瓶，置于（1+1）硝酸溶液浸泡24 h，用实验水彻底洗净	水平检出限：0.04 mg/L；垂直检出限：0.006 mg/L
		生活饮用水标准检验方法 金属指标（无火焰原子吸收分光光度法）	GB/T 5750.6—2006（4.1）	生活饮用水及其水源水	聚乙烯瓶	硝酸	加硝酸酸化至pH≤2	14 d	500～1 000	将容器用水和洗涤剂清洗，除去灰尘、油垢后用自来水冲洗干净，然后用质量分数10%的硝酸（或盐酸）浸泡8 h，取出沥干后用自来水冲洗3次，并用蒸馏水充分淋洗干净	5 μg/L

序号	测定项目	方法名称	方法依据	适用范围	采样容器	固定剂	保存方法及保存剂用量	保存期	采样量/mL	容器洗涤	检出限
38	铜	生活饮用水标准检验方法 金属指标（火焰原子吸收分光光度法——直接法）	GB/T 5750.6—2006（4.2.1）	生活饮用水及其水源水	聚乙烯瓶	硝酸	加硝酸酸化至 pH≤2	14 d	500～1 000	将容器用水和洗涤剂清洗，除去灰尘、油垢后用自来水冲洗干净，然后用质量分数10%的硝酸（或盐酸）浸泡8 h，取出沥干后用自来水冲洗3次，并用蒸馏水充分淋洗干净	0.2 mg/L
		生活饮用水标准检验方法 金属指标（火焰原子吸收分光光度法——萃取法）	GB/T 5750.6—2006（4.2.2）	生活饮用水及其水源水	聚乙烯瓶	硝酸	加硝酸酸化至 pH≤2	14 d	500～1 000	将容器用水和洗涤剂清洗，除去灰尘、油垢后用自来水冲洗干净，然后用质量分数10%的硝酸（或盐酸）浸泡8 h，取出沥干后用自来水冲洗3次，并用蒸馏水充分淋洗干净	7.5 μg/L
		生活饮用水标准检验方法 金属指标（火焰原子吸收分光光度法——共沉淀法）	GB/T 5750.6—2006（4.2.3）	生活饮用水及其水源水	聚乙烯瓶	硝酸	加硝酸酸化至 pH≤2	14 d	500～1 000	将容器用水和洗涤剂清洗，除去灰尘、油垢后用自来水冲洗干净，然后用质量分数10%的硝酸（或盐酸）浸泡8 h，取出沥干后用自来水冲洗3次，并用蒸馏水充分淋洗干净	0.008 mg/L

序号	测定项目	方法名称	方法依据	适用范围	采样容器	固定剂	保存方法及保存剂用量	保存期	采样量/mL	容器洗涤	检出限
38	铜	生活饮用水标准检验方法 金属指标（火焰原子吸收分光光度法——巯基棉富集法）	GB/T 5750.6—2006（4.2.4）	生活饮用水及其水源水	聚乙烯瓶	硝酸	加硝酸酸化至 pH≤2	14 d	500～1 000	将容器用水和洗涤剂清洗，除去灰尘、油垢后用自来水冲洗干净，然后用质量分数10%的硝酸（或盐酸）浸泡8 h，取出沥干后用自来水冲洗3次，并用蒸馏水充分淋洗干净	0.004 mg/L
		生活饮用水标准检验方法 金属指标（电感耦合等离子体质谱法）	GB/T 5750.6—2006（1.5）	生活饮用水及其水源水	聚乙烯瓶	硝酸	加硝酸酸化至 pH≤2	14 d	500～1 000	将容器用水和洗涤剂清洗，除去灰尘、油垢后用自来水冲洗干净，然后用质量分数10%的硝酸（或盐酸）浸泡8 h，取出沥干后用自来水冲洗3次，并用蒸馏水充分淋洗干净	0.09 μg/L
39	硒	水质 硒的测定 2,3-二氨基萘荧光法	GB/T 11902—1989	各种清洁水、生活污水及某些工业废水	聚乙烯瓶或硬质玻璃瓶	—	天然水及饮用水可与室内阴凉处保存，工业废水最好及时分析或贮于冰箱内	—	—	经1+1硝酸浸泡4 h以上，用大量自来水和蒸馏水冲洗干净	0.25 μg/L
		水质 硒的测定 石墨炉原子吸收分光光度法	GB/T 15505—1995	水与废水	聚乙烯瓶	硝酸	加硝酸酸化至pH值为1～2，常温保存	半年	—	—	0.003 mg/L

序号	测定项目	方法名称	方法依据	适用范围	采样容器	固定剂	保存方法及保存剂用量	保存期	采样量/mL	容器洗涤	检出限
39	硒	水质 汞、砷、硒、铋和锑的测定 原子荧光法	HJ 694—2014	地表水、地下水、生活污水和工业废水	聚乙烯瓶或硬质玻璃瓶	浓盐酸	1 L 水样中加浓盐酸 2 mL	14 d	250	洗涤剂洗 1 次，自来水洗 2 次，（1+3）硝酸荡洗 1 次，自来水洗 3 次，去离子水洗 1 次	0.4 μg/L
		水质 65 种元素的测定 电感耦合等离子体质谱法	HJ 700—2014	地表水、地下水、生活污水、低浓度工业废水	聚乙烯瓶或硬质玻璃瓶	硝酸溶液：1+1	加（1+1）硝酸酸化至 pH＜2	14 d	250	洗涤剂洗 1 次，自来水洗 2 次，（1+3）硝酸荡洗 1 次，自来水洗 3 次，蒸馏水洗 1 次	0.41 μg/L
		水质 32 种元素的测定 电感耦合等离子体发射光谱法	HJ 776—2015	聚乙烯瓶或硬质玻璃瓶地表水、地下水、生活污水及工业废水	聚乙烯瓶或硬质玻璃瓶	硝酸	加硝酸，使硝酸含量达到 1%	14 d	250	用洗涤剂和水依次洗净聚乙烯瓶，置于（1+1）硝酸溶液浸泡 24 h，用实验水彻底洗净	水平检出限：0.03 mg/L；垂直检出限：0.1 mg/L
		水质 总硒的测定 3,3′-二氨基联苯胺分光光度法	HJ 811—2016	地表水、地下水、生活污水和工业废水	聚乙烯瓶或硬质玻璃瓶	硝酸	1 000 mL 样品加 10 mL 硝酸，0～4℃冷藏保存	14 d	—	（1+1）硝酸荡洗，并依次用自来水和实验用水冲洗干净	2.0 μg/L
		生活饮用水标准检验方法 金属指标（氢化物原子荧光法）	GB/T 5750.6—2006（7.1）	生活饮用水及其水源水	聚乙烯瓶	硝酸	加硝酸酸化至 pH≤2	14 d	500～1 000	将容器用水和洗涤剂清洗，除去灰尘、油垢后用自来水冲洗干净，然后用质量分数 10%的硝酸（或盐酸）浸泡 8 h，取出沥干后用自来水冲洗 3 次，并用蒸馏水充分淋洗干净	0.4 μg/L

序号	测定项目	方法名称	方法依据	适用范围	采样容器	固定剂	保存方法及保存剂用量	保存期	采样量/mL	容器洗涤	检出限
39	硒	生活饮用水标准检验方法 金属指标（电感耦合等离子体质谱法）	GB/T 5750.6—2006（1.5）	生活饮用水及其水源水	聚乙烯瓶	硝酸	加硝酸酸化至 pH≤2	14 d	500～1 000	将容器用水和洗涤剂清洗，除去灰尘、油垢后用自来水冲洗干净，然后用质量分数10%的硝酸（或盐酸）浸泡8 h，取出沥干后用自来水冲洗3次，并用蒸馏水充分淋洗干净	0.09 μg/L
40	硝酸盐氮	水质 硝酸盐氮的测定 紫外分光光度法（试行）	HJ/T 346—2007	地表水、地下水	—	—	—	—	—	—	0.08 mg/L
		水质 硝酸盐氮的测定 气相分子吸收光谱法	HJ/T 198—2005	地表水、地下水、海水、饮用水、生活污水及工业污水	聚乙烯瓶或硬质玻璃瓶	硫酸	加硫酸酸化至 pH<2，24 h 内测定	24 h	—	—	0.006 mg/L
		水质 无机阴离子（F^-、Cl^-、NO_2^-、Br^-、NO_3^-、PO_4^{3-}、SO_3^{2-}、SO_4^{2-}）的测定 离子色谱法	HJ 84—2016	地表水、地下水、工业废水和生活污水	硬质聚乙烯瓶或硬质玻璃瓶	—	4℃冷藏，避光保存	7 d	—	—	0.016 mg/L
41	锌	水质 铜、锌、铅、镉的测定 原子吸收分光光度法	GB/T 7475—1987	第一部分为直接法，适用于地下水、地面水和中低浓度的铜、锌、铅、镉；第二部分为螯合萃取法，适用于测定地下水和清洁地面水中低浓度的铜、铅、镉	聚乙烯瓶	硝酸	加硝酸酸化至 pH 值为1～2	—	—	—	直接法：0.05 mg/L

序号	测定项目	方法名称	方法依据	适用范围	采样容器	固定剂	保存方法及保存剂用量	保存期	采样量/mL	容器洗涤	检出限
41	锌	水质　锌的测定　双硫腙分光光度法	GB/T 7472—1987	天然水和某些废水中微量锌	聚乙烯瓶	硝酸	加硝酸酸化至 pH 值约 1.5	—	—	硝酸溶液浸泡 24 h，然后用无锌水冲洗干净	5 μg/L
		水质　65 种元素的测定　电感耦合等离子体质谱法	HJ 700—2014	地表水、地下水、生活污水、低浓度工业废水	聚乙烯瓶	硝酸溶液：1+1	加（1+1）硝酸酸化至 pH＜2	14 d	250	洗涤剂洗 1 次，自来水洗 2 次，（1+3）硝酸荡洗 1 次，自来水洗 3 次，蒸馏水洗 1 次	0.67 μg/L
		水质　32 种元素的测定　电感耦合等离子体发射光谱法	HJ 776—2015	地表水、地下水、生活污水及工业废水	聚乙烯瓶	硝酸	加硝酸，使硝酸含量达到 1%	14 d	250	用洗涤剂和水依次洗净聚乙烯瓶，置于（1+1）硝酸溶液浸泡 24 h，用实验水彻底洗净	水平检出限：0.009 mg/L；垂直检出限：0.004 mg/L
		生活饮用水标准检验方法 金属指标（火焰原子吸收分光光度法）	GB/T 5750.6—2006（5.1）	生活饮用水及水源水中较高浓度的铜、铁、锰、锌、镉和铅的测定	聚乙烯瓶	硝酸	加硝酸酸化至 pH≤2	14 d	500～1 000	将容器用水和洗涤剂清洗，除去灰尘、油垢后用自来水冲洗干净，然后用质量分数 10%的硝酸（或盐酸）浸泡 8 h，取出沥干后用自来水冲洗 3 次，并用蒸馏水充分淋洗干净	0.8 μg/L

序号	测定项目	方法名称	方法依据	适用范围	采样容器	固定剂	保存方法及保存剂用量	保存期	采样量/mL	容器洗涤	检出限
41	锌	生活饮用水标准检验方法 金属指标（电感耦合等离子体质谱法）	GB/T 5750.6—2006（1.5）	生活饮用水及其水源水	聚乙烯瓶	硝酸	加硝酸酸化至 pH≤2	14 d	500～1 000	将容器用水和洗涤剂清洗，除去灰尘、油垢后用自来水冲洗干净，然后用质量分数10%的硝酸（或盐酸）浸泡8 h，取出沥干后用自来水冲洗 3 次，并用蒸馏水充分淋洗干净	0.8 μg/L
42	亚硝酸盐氮	水质 亚硝酸盐氮的测定 分光光度法	GB/T 7493—1987	饮用水、地下水、地面水及废水	聚乙烯瓶或硬质玻璃瓶	—	采集后尽快分析，不超过 24 h；若需短期保存1～2 d，每升样品加入40 mg 氯化汞，2～5℃冷藏保存	24 h	—	—	0.003 mg/L
43	阴离子表面活性剂	水质 阴离子表面活性剂的测定 亚甲蓝分光光度法	GB 7494—1987	饮用水、地面水、生活污水及工业废水	玻璃容器	1%的饱和氯仿 40%甲醛溶液	短期保存，4℃冷藏，超过 24 h，甲醛保存	甲醛：4 d；饱和氯仿：8 d	—	甲醇	0.05 mg/L
44	银	水质 65 种元素的测定 电感耦合等离子体质谱法	HJ 700—2014	地表水、地下水、生活污水、低浓度工业废水	聚乙烯瓶或硬质玻璃瓶	硝酸溶液：1+1	加（1+1）硝酸酸化至 pH＜2	14 d	250	洗涤剂洗 1 次，自来水洗 2 次，（1+3）硝酸荡洗 1 次，自来水洗 3 次，蒸馏水洗 1 次	0.04 μg/L
		水质 32 种元素的测定 电感耦合等离子体发射光谱法	HJ 776—2015	地表水、地下水、生活污水及工业废水	聚乙烯瓶或硬质玻璃瓶	硝酸	加硝酸，使硝酸含量达到 1%	14 d	250	用洗涤剂和水依次洗净聚乙烯瓶，置于（1+1）硝酸溶液浸泡 24 h，用实验水彻底洗净	水平检出限：0.03 mg/L；垂直检出限：0.02 mg/L

序号	测定项目	方法名称	方法依据	适用范围	采样容器	固定剂	保存方法及保存剂用量	保存期	采样量/mL	容器洗涤	检出限
45	总α放射性	水质　总α放射性的测定　厚源法	HJ 898—2017	地表水、地下水、工业废水和生活污水	聚乙烯桶	硝酸溶液：1+1	每升样品加（1+1）硝酸 20 mL，2～5℃冷藏保存	2 个月	6 000	将采样设备冲洗干净，并用原水冲洗 3 遍	1.5×10^{-2} Bq/L
46	总β放射性	水质　总β放射性的测定　厚源法	HJ 899—2017	地表水、地下水、工业废水和生活污水	聚乙烯桶	硝酸溶液：1+1	每升样品加（1+1）硝酸 20 mL，2～5℃冷藏保存	2 个月	6 000	将采样设备冲洗干净，并用原水冲洗 3 遍	1.5×10^{-2} Bq/L
47	总氮	水质　总氮的测定　碱性过硫酸钾消解紫外分光光度法	HJ 636—2012	地表水、地下水、工业废水和生活污水	聚乙烯瓶或硬质玻璃瓶	硫酸	加硫酸调节 pH 值为 1～2，常温下可保存 7 d。贮存在聚乙烯瓶中，−20℃冷冻，可保存 1 个月	常温 7 d，冷冻 1 个月	—	—	0.05 mg/L
		水质　总氮的测定　连续流动-盐酸萘乙二胺分光光度法	HJ 667—2013	地表水、地下水、生活污水和工业废水	聚乙烯瓶或硬质玻璃瓶	硫酸	加硫酸酸化至 pH≤2，常温下可保存 7 d。贮存在聚乙烯瓶中，−20℃冷冻，可保存 1 个月	常温 7 d，冷冻 1 个月	—	—	0.04 mg/L
		水质　总氮的测定　流动注射-盐酸萘乙二胺分光光度法	HJ 668—2013	地表水、地下水、生活污水和工业废水	聚乙烯瓶或硬质玻璃瓶	硫酸	加硫酸酸化至 pH≤2，常温下可保存。贮存在聚乙烯瓶中，−20℃冷冻可保存 1 个月	常温 7 d。−20℃冷冻，1 个月	—	—	0.03 mg/L
48	总磷（磷酸盐）	水质　磷酸盐和总磷的测定　连续流动-钼酸铵分光光度法	HJ 670—2013	地表水、地下水、生活污水、工业废水	聚乙烯瓶或硬质玻璃瓶	硫酸	加硫酸使 pH≤2，常温保存	24 h	—	—	0.01 mg/L
							于−20℃冷冻，总磷含量小于 0.1 mg/L 的样品不用塑料瓶采集	1 个月			
		水质　样品的保存和管理技术规定	HJ 493—2009	天然水、生活污水及工业废水等	聚乙烯瓶或硬质玻璃瓶	盐酸、硫酸	用硫酸酸化、盐酸酸化至 pH≤2	24 h	250	铬酸洗液洗 1 次，自来水洗 3 次，蒸馏水洗 1 次	—
					聚乙烯瓶（桶）		−20℃冷冻	1 个月	250	—	
		水质　总磷的测定　流动注射-钼酸铵分光光度法	HJ 671—2013	地表水、地下水、生活污水、工业废水	聚乙烯瓶或硬质玻璃瓶	硫酸	加硫酸使 pH≤2，常温保存	24 h	—	—	0.005 mg/L

序号	测定项目	方法名称	方法依据	适用范围	采样容器	固定剂	保存方法及保存剂用量	保存期	采样量/mL	容器洗涤	检出限
48	总磷（磷酸盐）	水质　总磷的测定　钼酸铵分光光度法	GB/T 11893—1989	地面水、污水、工业废水	聚乙烯瓶或硬质玻璃瓶（含磷量较少的水样不要用塑料瓶）	硫酸	加硫酸使 pH≤1。或不加任何试剂于冷处保存	—	500	—	0.01 mg/L
		水质　无机阴离子（F^-、Cl^-、NO_2^-、Br^-、NO_3^-、PO_4^{3-}、SO_3^{2-}、SO_4^{2-}）的测定　离子色谱法	HJ 84—2001	地表水、地下水、工业废水、生活污水	聚乙烯瓶或硬质玻璃瓶	—	不需加固定剂，水样采集后应尽快分析，否则应经抽气过滤装置过滤，于 4℃下冷藏，避光保存	2 d	—	—	0.051 mg/L
		钼锑钪分光光度法（A）	《水和废水监测分析方法（第四版）》，中国环境科学出版社，2002 年	地面水、生活污水，以及日化、磷肥、机加工金属表面磷化处理、农药、钢铁、焦化等行业的工业废水中正磷酸盐的测定	—	硫酸	加硫酸使 pH≤1	—	—	—	0.01 mg/L
		氯化亚锡还原光度法	《水和废水监测分析方法（第三版）》，中国环境科学出版社，2002 年	地面水中正磷酸盐的测定	—	硫酸	加硫酸使 pH≤1	—	—	—	0.025 mg/L
		地表水和污水监测技术规范	HJ/T 91—2002	江河、湖泊、水库和渠道的水质监测，包括控制断面以及污染源排放污水	聚乙烯瓶或硬质玻璃瓶	盐酸、硫酸，	盐酸、硫酸，pH≤2	24 h	250	铬酸洗液洗 1 次，自来水洗 3 次，蒸馏水洗 1 次	钼酸铵分光光度法：0.01 mg/L；孔雀绿-磷钼杂多酸分光光度法：0.005 mg/L；氯化亚锡还原光度法：0.025 mg/L
49	总硬度	水质　钙和镁总量的测定　EDTA 滴定法	GB/T 7477—1987	地下水和地面水	聚乙烯瓶或硬质玻璃瓶	硝酸	加硝酸酸化至 pH 值为 1.5	—	—	先将瓶洗净，采样时用水冲洗 3 次	0.05 mmol/L

有机部分

序号	测定项目	方法名称	方法依据	适用范围	采样容器	采样方法	固定剂	保存方法及保存剂用量	保存期	采样量/mL	容器洗涤	检出限
1	1,1,1-三氯乙烷	水质　挥发性有机物的测定　吹扫捕集/气相色谱-质谱法	HJ 639—2012	海水、地下水、地表水、生活污水和工业废水	40 mL 棕色玻璃瓶，具硅橡胶-聚四氟乙烯衬垫螺旋盖	水样在样品瓶中溢流而不留空间。取样时应尽量避免或减少样品在空气中暴露。所有样品均采集平行双样，每批样品带一个全程序空白和一个运输空白。采样时不需用样品进行荡洗	抗坏血酸+盐酸	每 40 mL 样品需加入 25 mg 的抗坏血酸；若样品中总余氯的量超过 5 mg/L，总余氯每超过 5 mg/L，需要多加 25 mg 的抗坏血酸。采样时，水样呈中性时向每个样品瓶中加入 0.5 mL 盐酸溶液，拧紧瓶盖；水样呈碱性时应加入适量盐酸溶液使样品 pH≤2。4℃冷藏保存	14 d	40	样品瓶应在采样前用甲醇清洗	全扫描模式（SCAN）：1.4 μg/L；选择离子扫描模式（SIM）：0.4 μg/L
							—	当水样加盐酸溶液后产生大量气泡时，应弃去该样品，重新采集样品。重新采集的样品不应加盐酸溶液，样品标签上应注明未酸化。4℃冷藏保存	24 h			

序号	测定项目	方法名称	方法依据	适用范围	采样容器	采样方法	固定剂	保存方法及保存剂用量	保存期	采样量/mL	容器洗涤	检出限
1	1,1,1-三氯乙烷	水质 挥发性有机物的测定 顶空/气相色谱-质谱法	HJ 810—2016	地表水、地下水、生活污水和工业废水和海水	40 mL 棕色玻璃瓶，具硅橡胶-聚四氟乙烯衬垫螺旋盖	采集样品时，不宜用水样进行荡洗，应使水样在样品瓶中溢流且不留空间	抗坏血酸+盐酸	若水样中含有余氯，采样前，应向 40 mL 棕色采样瓶中加入 25 mg 的抗坏血酸。若水样中余氯含量超过 5 mg/L，应按比例增加抗坏血酸的加入量，余氯含量每增加 5 mg/L，则应多加入 25 mg 的抗坏血酸。样品采集后，应立即加入适量盐酸溶液，使样品 pH≤2，拧紧瓶盖，0～4℃冷藏，避光和密封保存	14 d	40	—	全扫描模式（SCAN）：3 μg/L；选择离子扫描模式（SIM）：0.8 μg/L
							—	当水样加盐酸溶液后有气泡产生，须重新采样，重新采集的样品不加盐酸溶液保存，样品标签上应注明未酸化	24 h			
		生活饮用水标准检验方法 有机物指标（附录 A 吹脱捕集/气相色谱-质谱法测定挥发性有机化合物）	GB/T 5750.8—2006（附录 A）	生活饮用水、水源地表水和地下水	40 mL 棕色玻璃瓶附螺旋盖及聚四氟乙烯垫片	水样在瓶中溢流出而不流气泡；若从开放的水体中采样，先用 1 L 的广口瓶或烧杯从有代表性的区域中采样，再把水样从广口瓶或烧杯中倒入样品瓶中。所有样品均采集平行样，每批样品要带一个现场空白	盐酸溶液（无余氯样品）；抗坏血酸+盐酸（有余氯样品）	不含余氯的样品和现场空白，每 40 mL 水样中加 4 滴 4 mol/L 的盐酸做固定剂，4℃冷藏保存。 含余氯的样品和现场空白，在样品瓶中先加入抗坏血酸（每 40 mL 水样中加 25 mg），待样品瓶中充满水样并溢流后，每 20 mL 样品中加入 1 滴 4 mol/L 盐酸调节样品 pH<2，0～4℃冷藏保存	14 d	40	—	0.08 μg/L

序号	测定项目	方法名称	方法依据	适用范围	采样容器	采样方法	固定剂	保存方法及保存剂用量	保存期	采样量/mL	容器洗涤	检出限
1	1,1,1-三氯乙烷	地表水和污水监测技术规范	HJ/T 91—2002	对江河、湖泊、水库和渠道的水质监测	硬质玻璃瓶	—	盐酸+抗坏血酸	用 1+10 盐酸调至 pH=2，加入 0.01～0.02 g 抗坏血酸除去残余氯，0～4℃冷藏，避光保存	12 h	1 000	洗涤剂洗 1 次，自来水洗 3 次，蒸馏水洗 1 次	—
		水质 样品的保存和管理技术规定	HJ 493—2009	天然水、生活污水及工业废水	硬质玻璃瓶	—	盐酸+抗坏血酸	用 1+10 盐酸调至 pH≤2，加入 0.01～0.02 g 抗坏血酸除去残余氯；1～5℃冷藏，避光保存	12 h	1 000	—	—
2	1,1,2-三氯乙烷	水质 挥发性有机物的测定 吹扫捕集/气相色谱-质谱法	HJ 639—2012	海水、地下水、地表水、生活污水和工业废水	40 mL 棕色玻璃瓶，具硅橡胶-聚四氟乙烯衬垫螺旋盖	水样在样品瓶中溢流而不留空间。取样时应尽量避免或减少样品在空气中暴露。所有样品均采集平行双样，每批样品带一个全程序空白和一个运输空白。采样时不需用样品进行荡洗	抗坏血酸+盐酸	每 40 mL 样品需加入 25 mg 的抗坏血酸；若样品中总余氯的量超过 5 mg/L，总余氯每超过 5 mg/L，需要多加 25 mg 的抗坏血酸。采样时，水样呈中性时向每个样品瓶中加入 0.5 mL 盐酸溶液，拧紧瓶盖；水样呈碱性时应加入适量盐酸溶液使样品 pH≤2，4℃冷藏保存	14 d	40	样品瓶应在采样前用甲醇清洗	全扫描模式（SCAN）：1.5 μg/L；选择离子扫描模式（SIM）：0.4 μg/L
							—	当水样加盐酸溶液后产生大量气泡时，应弃去该样品，重新采集样品。重新采集的样品不应加盐酸溶液，样品标签上应注明未酸化，4℃冷藏保存	24 h			

序号	测定项目	方法名称	方法依据	适用范围	采样容器	采样方法	固定剂	保存方法及保存剂用量	保存期	采样量/mL	容器洗涤	检出限
2	1,1,2-三氯乙烷	水质 挥发性有机物的测定 顶空/气相色谱-质谱法	HJ 810—2016	地表水、地下水、生活污水和工业废水和海水	40 mL 棕色玻璃瓶，具硅橡胶-聚四氟乙烯衬垫螺旋盖	采集样品时，不宜用水样进行荡洗，应使水样在样品瓶中溢流且不留空间	抗坏血酸+盐酸	若水样中含有余氯，采样前，应向 40 mL 棕色采样瓶中加入 25 mg 的抗坏血酸。若水样中余氯含量超过 5 mg/L，应按比例增加抗坏血酸的加入量，余氯含量每增加 5 mg/L，则应多加入 25 mg 的抗坏血酸。样品采集后，应立即加入适量盐酸溶液，使样品 pH≤2，拧紧瓶盖，0～4℃冷藏，避光和密封保存	14 d	40	—	全扫描模式（SCAN）：5 μg/L；选择离子扫描模式（SIM）：0.9 μg/L
							—	当水样加盐酸溶液后有气泡产生，须重新采样，重新采集的样品不加盐酸溶液保存，样品标签上应注明未酸化	24 h			
		生活饮用水标准检验方法 有机物指标（附录A 吹脱捕集/气相色谱-质谱法测定挥发性有机化合物）	GB/T 5750.8—2006（附录 A）	生活饮用水、水源地表水和地下水	40 mL 棕色玻璃瓶附螺旋盖及聚四氟乙烯垫片	水样在瓶中溢流出而不流气泡；若从开放的水体中采样，先用 1 L 的广口瓶或烧杯从有代表性的区域中采样，再把水样从广口瓶或烧杯中倒入样品瓶中。所有样品均采集平行样，每批样品要带一个现场空白	盐酸溶液（无余氯样品）；抗坏血酸+盐酸（有余氯样品）	不含余氯的样品和现场空白，每 40 mL 水样中加 4 滴 4 mol/L 的盐酸做固定剂，4℃冷藏保存。 含余氯的样品和现场空白，在样品瓶中先加入抗坏血酸（每 40 mL 水样中加 25 mg），待样品瓶中充满水样并溢流后，每 20 mL 样品中加入 1 滴 4 mol/L 盐酸调节样品 pH 小于 2，0～4℃冷藏保存	14 d	40	—	0.10 μg/L

序号	测定项目	方法名称	方法依据	适用范围	采样容器	采样方法	固定剂	保存方法及保存剂用量	保存期	采样量/mL	容器洗涤	检出限
2	1,1,2-三氯乙烷	地表水和污水监测技术规范	HJ/T 91—2002	对江河、湖泊、水库和渠道的水质监测	硬质玻璃瓶	—	盐酸+抗坏血酸	用 1+10 盐酸调至 pH=2，加入 0.01～0.02 g 抗坏血酸除去残余氯，0～4℃冷藏，避光保存	12 h	1 000	洗涤剂洗 1 次，自来水洗 3 次，蒸馏水洗 1 次	—
		水质　样品的保存和管理技术规定	HJ 493—2009	天然水、生活污水及工业废水	硬质玻璃瓶	—	盐酸+抗坏血酸	用 1+10 盐酸调至 pH≤2，加入 0.01～0.02 g 抗坏血酸除去残余氯；1～5℃冷藏，避光保存	12 h	1 000	—	—
3	1,1-二氯乙烯	水质　挥发性有机物的测定　吹扫捕集/气相色谱法	HJ 686—2014	地表水、地下水、生活污水和工业废水中挥发性有机物的测定	棕色玻璃瓶，螺旋盖（带聚四氟乙烯涂层密封垫）	所有样品均采集平行双样，每批样品带一个全程序空白和一个运输空白，样品采集时不需用水样荡洗	盐酸溶液（无余氯样品）、抗坏血酸+盐酸（有余氯样品）	无余氯样品：0.5 mL 盐酸溶液，4℃冷藏保存；有余氯样品：加入约 25 mg 抗坏血酸，再加 0.5 mL 盐酸溶液，4℃冷藏保存	14 d	40	—	0.1 μg/L
		水质　挥发性有机物的测定　吹扫捕集/气相色谱-质谱法	HJ 639—2012	海水、地下水、地表水、生活污水和工业废水	40 mL 棕色玻璃瓶，具硅橡胶-聚四氟乙烯衬垫螺旋盖	水样在样品瓶中溢流而不留空间。取样时应尽量避免或减少样品在空气中暴露。所有样品均采集平行双样，每批样品带一个全程序空白和一个运输空白。采样时不需用样品进行荡洗	抗坏血酸+盐酸	每 40 mL 样品需加入 25 mg 的抗坏血酸；若样品中总余氯的量超过 5 mg/L，总余氯每超过 5 mg/L，需要多加 25 mg 的抗坏血酸。采样时，水样呈中性时向每个样品瓶中加入 0.5 mL 盐酸溶液，拧紧瓶盖；水样呈碱性时应加入适量盐酸溶液使样品 pH≤2，4℃冷藏保存	14 d	40	样品瓶应在采样前用甲醇清洗	全扫描模式（SCAN）：1.2 μg/L；选择离子扫描模式（SIM）：0.4 μg/L

序号	测定项目	方法名称	方法依据	适用范围	采样容器	采样方法	固定剂	保存方法及保存剂用量	保存期	采样量/mL	容器洗涤	检出限
3	1,1-二氯乙烯	水质 挥发性有机物的测定 吹扫捕集/气相色谱-质谱法	HJ 639—2012	海水、地下水、地表水、生活污水和工业废水	40 mL 棕色玻璃瓶，具硅橡胶-聚四氟乙烯衬垫螺旋盖	水样在样品瓶中溢流而不留空间。取样时应尽量避免或减少样品在空气中暴露。所有样品均采集平行双样，每批样品带一个全程序空白和一个运输空白。采样时不需用样品进行荡洗	—	当水样加盐酸溶液后产生大量气泡时，应弃去该样品，重新采集样品。重新采集的样品不应加盐酸溶液，样品标签上应注明未酸化，4℃冷藏保存	24 h	40	样品瓶应在采样前用甲醇清洗	全扫描模式（SCAN）：1.2 μg/L；选择离子扫描模式（SIM）：0.4 μg/L
		水质 挥发性有机物的测定 顶空/气相色谱-质谱法	HJ 810—2016	地表水、地下水、生活污水和工业废水和海水	40 mL 棕色玻璃瓶，具硅橡胶-聚四氟乙烯衬垫螺旋盖	采集样品时，不宜用水样进行荡洗，应使水样在样品瓶中溢流且不留空间	抗坏血酸+盐酸	若水样中含有余氯，采样前，应向 40 mL 棕色采样瓶中加入 25 mg 的抗坏血酸。若水样中余氯含量超过 5 mg/L，应按比例增加抗坏血酸的加入量，余氯含量每增加 5 mg/L，则应多加入 25 mg 的抗坏血酸。样品采集后，应立即加入适量盐酸溶液，使样品 pH≤2，拧紧瓶盖，0～4℃冷藏，避光和密封保存	14 d	40	—	全扫描模式（SCAN）：6 μg/L；选择离子扫描模式（SIM）：1.3 μg/L
							—	当水样加盐酸溶液后有气泡产生，须重新采样，重新采集的样品不加盐酸溶液保存，样品标签上应注明未酸化	24 h	40		
		水质 挥发性卤代烃的测定 顶空气相色谱法	HJ 620—2011	地表水、地下水、饮用水、海水、工业废水和生活污水	具聚四氟乙烯衬垫和实心螺旋盖	样品沿瓶壁注入，防止气泡产生，水样充满后不留液上空间。所有样品均采集平行样	抗坏血酸或硫代硫酸钠	如果水样含有余氯，向采样瓶中加入 0.3～0.5 g 抗坏血酸或硫代硫酸钠。4℃左右冷藏保存	7 d 内完成分析	40	—	2.38 μg/L

序号	测定项目	方法名称	方法依据	适用范围	采样容器	采样方法	固定剂	保存方法及保存剂用量	保存期	采样量/mL	容器洗涤	检出限
3	1,1-二氯乙烯	生活饮用水标准检验方法 有机物指标 吹脱捕集气相色谱法	GB/T 5750.8—2006（5.1）	生活饮用水及其水源水	玻璃瓶，具有用聚四氟乙烯薄膜包硅橡胶垫的螺旋盖	水样至满瓶，密封	盐酸溶液（无余氯样品）：1+1；抗坏血酸（有余氯样品）	水样中不含余氯可加 4 滴 1+1 盐酸；若含有余氯，采样时先加 40 mg 抗坏血酸，4℃冷藏保存	—	40	—	0.02 μg/L
		生活饮用水标准检验方法 有机物指标（附录A 吹脱捕集/气相色谱-质谱法测定挥发性有机化合物）	GB/T 5750.8—2006（附录 A）	生活饮用水、水源地表水和地下水	40 mL 棕色玻璃瓶附螺旋盖及聚四氟乙烯垫片	水样在瓶中溢流出而不流气泡；若从开放的水体中采样，先用 1 L 的广口瓶或烧杯从有代表性的区域中采样，再把水样从广口瓶或烧杯中倒入样品瓶中。所有样品均采集平行样，每批样品要带一个现场空白	盐酸溶液（无余氯样品）；抗坏血酸+盐酸（有余氯样品）	不含余氯的样品和现场空白，每 40 mL 水样中加 4 滴 4 mol/L 的盐酸做固定剂，4℃冷藏保存。含余氯的样品和现场空白，在样品瓶中先加入抗坏血酸（每 40 mL 水样中加 25 mg），待样品瓶中充满水样并溢流后，每 20 mL 样品中加入 1 滴 4 mol/L 盐酸调节样品 pH 值小于 2，0～4℃冷藏保存	14 d	40	—	0.12 μg/L
		地表水和污水监测技术规范	HJ/T 91—2002	对江河、湖泊、水库和渠道的水质监测	硬质玻璃瓶	—	盐酸+抗坏血酸	用 1+10 盐酸调至 pH=2，加入 0.01～0.02 g 抗坏血酸除去残余氯，0～4℃冷藏，避光保存	12 h	1 000	洗涤剂洗 1 次，自来水洗 3 次，蒸馏水洗 1 次	—
		水质 样品的保存和管理技术规定	HJ 493—2009	天然水、生活污水及工业废水	硬质玻璃瓶	—	盐酸+抗坏血酸	用 1+10 盐酸调至 pH≤2，加入 0.01～0.02 g 抗坏血酸除去残余氯；1～5℃冷藏，避光保存	12 h	1 000	—	—

序号	测定项目	方法名称	方法依据	适用范围	采样容器	采样方法	固定剂	保存方法及保存剂用量	保存期	采样量/mL	容器洗涤	检出限
4	1,2,3,4-四氯苯	水质 氯苯类化合物的测定 气相色谱法	HJ 621—2011	地表水、地下水、饮用水、海水、工业废水和生活污水	棕色玻璃瓶	样品充满采样瓶。用内衬聚四氟乙烯硅胶垫（或铝箔垫）的瓶盖密封	浓硫酸	采样时每升水样中加入1.0 mL 浓硫酸，于 2～5℃冷藏保存	7 d	1 000	—	0.02 μg/L
		水质 有机氯农药和氯苯类化合物的测定 气相色谱-质谱法	HJ 699—2014	地表水、地下水、生活污水、工业废水和海水	带玻璃塞的棕色磨口瓶或具有聚四氟乙烯衬垫的棕色螺口玻璃瓶	—	盐酸溶液：1+1	样品采集后立即用 1+1 盐酸溶液调节 pH＜2，4℃冷藏保存	7 d 内完成萃取；萃取液在 40 d 内完成分析	—	—	液液萃取法：0.038 μg/L；固相萃取法：0.025 μg/L
5	1,2,3,5-四氯苯	水质 氯苯类化合物的测定 气相色谱法	HJ 621—2011	地表水、地下水、饮用水、海水、工业废水和生活污水	棕色玻璃瓶	样品充满采样瓶。用内衬聚四氟乙烯硅胶垫（或铝箔垫）的瓶盖密封	浓硫酸	采样时每升水样中加入1.0 mL 浓硫酸，于 2～5℃冷藏保存	7 d	1 000	—	0.02 μg/L
		水质 有机氯农药和氯苯类化合物的测定 气相色谱-质谱法	HJ 699—2014	地表水、地下水、生活污水、工业废水和海水	带玻璃塞的棕色磨口瓶或具有聚四氟乙烯衬垫的棕色螺口玻璃瓶	—	盐酸溶液：1+1	样品采集后立即用 1+1 盐酸溶液调节 pH＜2，4℃冷藏保存	7 d 内完成萃取；萃取液在 40 d 内完成分析	—	—	液液萃取法：0.038 μg/L；固相萃取法：0.024 μg/L

序号	测定项目	方法名称	方法依据	适用范围	采样容器	采样方法	固定剂	保存方法及保存剂用量	保存期	采样量/mL	容器洗涤	检出限
6	1,2,3-三氯苯	水质 挥发性有机物的测定 吹扫捕集/气相色谱-质谱法	HJ 639—2012	海水、地下水、地表水、生活污水和工业废水	40 mL 棕色玻璃瓶，具硅橡胶-聚四氟乙烯衬垫螺旋盖	水样在样品瓶中溢流而不留空间。取样时应尽量避免或减少样品在空气中暴露。所有样品均采集平行双样，每批样品带一个全程序空白和一个运输空白。采样时不需用样品进行荡洗	抗坏血酸+盐酸	每 40 mL 样品需加入 25 mg 的抗坏血酸；若样品中总余氯的量超过 5 mg/L，总余氯每超过 5 mg/L，需要多加 25 mg 的抗坏血酸。采样时，水样呈中性时向每个样品瓶中加入 0.5 mL 盐酸溶液，拧紧瓶盖；水样呈碱性时应加入适量盐酸溶液使样品 pH≤2，4℃冷藏保存	14 d	40	样品瓶应在采样前用甲醇清洗	全扫描模式（SCAN）：1.0 μg/L；选择离子扫描模式（SIM）：0.5 μg/L
							—	当水样加盐酸溶液后产生大量气泡时，应弃去该样品，重新采集样品。重新采集的样品不应加盐酸溶液，样品标签上应注明未酸化，4℃冷藏保存	24 h			
		水质 挥发性有机物的测定 顶空/气相色谱-质谱法	HJ 810—2016	地表水、地下水、生活污水、工业废水和海水	40 mL 棕色玻璃瓶，具硅橡胶-聚四氟乙烯衬垫螺旋盖	采集样品时，不宜用水样进行荡洗，应使水样在样品瓶中溢流且不留空间	抗坏血酸+盐酸	若水样中含有余氯，采样前，应向 40 mL 棕色采样瓶中加入 25 mg 的抗坏血酸。若水样中余氯含量超过 5 mg/L，应按比例增加抗坏血酸的加入量，余氯含量每增加 5 mg/L，则应多加入 25 mg 的抗坏血酸。样品采集后，应立即加入适量盐酸溶液，使样品 pH≤2，拧紧瓶盖，0～4℃冷藏，避光和密封保存	14 d	40	—	全扫描模式（SCAN）：8 μg/L；选择离子扫描模式（SIM）：0.5 μg/L

序号	测定项目	方法名称	方法依据	适用范围	采样容器	采样方法	固定剂	保存方法及保存剂用量	保存期	采样量/mL	容器洗涤	检出限
6	1,2,3-三氯苯	水质 挥发性有机物的测定 顶空/气相色谱-质谱法	HJ 810—2016	地表水、地下水、生活污水、工业废水和海水	40 mL 棕色玻璃瓶，具硅橡胶-聚四氟乙烯衬垫螺旋盖	采集样品时，不宜用水样进行荡洗，应使水样在样品瓶中溢流且不留空间	—	当水样加盐酸溶液后有气泡产生，须重新采样，重新采集的样品不加盐酸溶液保存，样品标签上应注明未酸化	24 h	40	—	全扫描模式（SCAN）：8 μg/L；选择离子扫描模式（SIM）：0.5 μg/L
		水质 氯苯类化合物的测定 气相色谱法	HJ 621—2011	地表水、地下水、饮用水、海水、工业废水和生活污水	棕色玻璃瓶	样品充满采样瓶。用内衬聚四氟乙烯硅胶垫（或铝箔垫）的瓶盖密封	浓硫酸	采样时每升水样中加入 1.0 mL 浓硫酸，于 2～5℃冷藏保存	7 d	1 000	—	0.08 μg/L
		水质 有机氯农药和氯苯类化合物的测定 气相色谱-质谱法	HJ 699—2014	地表水、地下水、生活污水、工业废水和海水	带玻璃塞的棕色磨口瓶或具有聚四氟乙烯衬垫的棕色螺口玻璃瓶	—	1+1 盐酸	样品采集后立即用 1+1 盐酸溶液调节 pH＜2，4℃冷藏保存	7 d 内完成萃取；萃取液在 40 d 内完成分析	—	—	液液萃取法：0.046 μg/L；固相萃取法：0.028 μg/L
		生活饮用水标准检验方法 有机物指标（附录A 吹脱捕集/气相色谱-质谱法测定挥发性有机化合物）	GB/T 5750.8—2006（附录 A）	生活饮用水、水源地表水和地下水	40 mL 棕色玻璃瓶附螺旋盖及聚四氟乙烯垫片	采样时，使水样在瓶中溢流出而不流气泡；若从开放的水体中采样，先用 1 L 的广口瓶或烧杯从有代表性的区域中采样，再把水样从广口瓶或烧杯中倒入样品瓶中。所有样品均采集平行样，每批样品要带一个现场空白	盐酸溶液（无余氯样品）；抗坏血酸+盐酸（有余氯样品）	不含余氯的样品和现场空白，每 40 mL 水样中加 4 滴 4 mol/L 的盐酸做固定剂，4℃冷藏保存。含余氯的样品和现场空白，在样品瓶中先加入抗坏血酸（每 40 mL 水样中加 25 mg），待样品瓶中充满水样并溢流后，每 20 mL 样品中加入 1 滴 4 mol/L 盐酸调节样品 pH 值小于 2，0～4℃冷藏保存	14 d	40	—	0.03 μg/L

序号	测定项目	方法名称	方法依据	适用范围	采样容器	采样方法	固定剂	保存方法及保存剂用量	保存期	采样量/mL	容器洗涤	检出限
6	1,2,3-三氯苯	地表水和污水监测技术规范	HJ/T 91—2002	对江河、湖泊、水库和渠道的水质监测	硬质玻璃瓶	—	盐酸+抗坏血酸	用 1+10 盐酸调至 pH=2，加入 0.01～0.02 g 抗坏血酸除去残余氯，0～4℃冷藏，避光保存	12 h	1 000		—
		水质 样品的保存和管理技术规定	HJ 493—2009	天然水、生活污水及工业废水	硬质玻璃瓶	—	盐酸+抗坏血酸	用 1+10 盐酸调至 pH≤2，加入 0.01～0.02 g 抗坏血酸除去残余氯；1～5℃冷藏，避光保存	12 h	1 000	—	—
7	1,2,4,5-四氯苯	水质 氯苯类化合物的测定 气相色谱法	HJ 621—2011	地表水、地下水、饮用水、海水、工业废水和生活污水	棕色玻璃瓶	样品充满采样瓶。用内衬聚四氟乙烯硅胶垫（或铝箔垫）的瓶盖密封	浓硫酸	采样时每升水样中加入 1.0 mL 浓硫酸，于 2～5℃冷藏保存	7 d	1 000	—	0.01 μg/L
		水质 有机氯农药和氯苯类化合物的测定 气相色谱-质谱法	HJ 699—2014	地表水、地下水、生活污水、工业废水和海水	带玻璃塞的棕色磨口瓶或具有聚四氟乙烯衬垫的棕色螺口玻璃瓶	—	盐酸溶液：1+1	样品采集后立即用 1+1 盐酸溶液调节 pH<2，4℃冷藏保存	7 d内完成萃取；萃取液在40 d内完成分析	—	—	液液萃取法：0.038 μg/L；固相萃取法：0.021 μg/L
8	1,2,4-三氯苯	水质 挥发性有机物的测定 吹扫捕集/气相色谱-质谱法	HJ 639—2012	海水、地下水、地表水、生活污水和工业废水	40 mL 棕色玻璃瓶，具硅橡胶-聚四氟乙烯衬垫螺旋盖	水样在样品瓶中溢流而不留空间。取样时应尽量避免或减少样品在空气中暴露。所有样品均采集平行双样，每批样品带一个全程序空白和一个运输空白。采样时不需用样品进行荡洗	抗坏血酸+盐酸	每 40 mL 样品需加入 25 mg 的抗坏血酸；若样品中总余氯的量超过 5 mg/L，总余氯每超过 5 mg/L，需要多加 25 mg 的抗坏血酸。采样时，水样呈中性时向每个样品瓶中加入 0.5 mL 盐酸溶液，拧紧瓶盖；水样呈碱性时应加入适量盐酸溶液使样品 pH≤2，4℃冷藏保存	14 d	40	样品瓶应在采样前用甲醇清洗	全扫描模式（SCAN）：1.1 μg/L；选择离子扫描模式（SIM）：0.3 μg/L
							—	当水样加盐酸溶液后产生大量气泡时，应弃去该样品，重新采集样品。重新采集的样品不应加盐酸溶液，样品标签上应注明未酸化，4℃冷藏保存				

序号	测定项目	方法名称	方法依据	适用范围	采样容器	采样方法	固定剂	保存方法及保存剂用量	保存期	采样量/mL	容器洗涤	检出限
8	1,2,4-三氯苯	水质 挥发性有机物的测定 顶空/气相色谱-质谱法	HJ 810—2016	地表水、地下水、生活污水、工业废水和海水	40 mL 棕色玻璃瓶，具硅橡胶-聚四氟乙烯衬垫螺旋盖	采集样品时，不宜用水样进行荡洗，应使水样在样品瓶中溢流且不留空间	抗坏血酸+盐酸	若水样中含有余氯，采样前，应向 40 mL 棕色采样瓶中加入 25 mg 的抗坏血酸。若水样中余氯含量超过 5 mg/L，应按比例增加抗坏血酸的加入量，余氯含量每增加 5 mg/L，则应多加入 25 mg 的抗坏血酸。样品采集后，应立即加入适量盐酸溶液，使样品 pH≤2，拧紧瓶盖，0～4℃冷藏，避光和密封保存	14 d	40	—	全扫描模式（SCAN）：6 μg/L；选择离子扫描模式（SIM）：0.7 μg/L
							—	当水样加盐酸溶液后有气泡产生，须重新采样，重新采集的样品不加盐酸溶液保存，样品标签上应注明未酸化	24 h			
		水质 氯苯类化合物的测定 气相色谱法	HJ 621—2011	地表水、地下水、饮用水、海水、工业废水和生活污水	棕色玻璃瓶	样品充满采样瓶。用内衬聚四氟乙烯硅胶垫（或铝箔垫）的瓶盖密封	浓硫酸	采样时每升水样中加入 1.0 mL 浓硫酸，于 2～5℃冷藏保存	7 d	1 000	—	0.08 μg/L
		水质 有机氯农药和氯苯类化合物的测定 气相色谱-质谱法	HJ 699—2014	地表水、地下水、生活污水、工业废水和海水	带玻璃塞的棕色磨口瓶或具有聚四氟乙烯衬垫的棕色螺口玻璃瓶	—	1+1 盐酸	样品采集后立即用 1+1 盐酸溶液调节 pH<2，4℃冷藏保存	7 d 内完成萃取；萃取液在 40 d 内完成分析	—	—	液液萃取法：0.038 μg/L；固相萃取法：0.027 μg/L

序号	测定项目	方法名称	方法依据	适用范围	采样容器	采样方法	固定剂	保存方法及保存剂用量	保存期	采样量/mL	容器洗涤	检出限
8	1,2,4-三氯苯	生活饮用水标准检验方法 有机物指标（附录A 吹脱捕集/气相色谱-质谱法测定挥发性有机化合物）	GB/T 5750.8—2006（附录A）	生活饮用水、水源地表水和地下水	40 mL 棕色玻璃瓶附螺旋盖及聚四氟乙烯垫片	水样在瓶中溢流出而不流气泡；若从开放的水体中采样，先用 1 L 的广口瓶或烧杯从有代表性的区域中采样，再把水样从广口瓶或烧杯中倒入样品瓶中。所有样品均采集平行样，每批样品要带一个现场空白	盐酸溶液（无余氯样品）；抗坏血酸+盐酸（有余氯样品）	不含余氯的样品和现场空白，每 40 mL 水样中加 4 滴 4 mol/L 的盐酸做固定剂，4℃冷藏保存。含余氯的样品和现场空白，在样品瓶中先加入抗坏血酸（每 40 mL 水样中加 25 mg），待样品瓶中充满水样并溢流后，每 20 mL 样品中加入 1 滴 4 mol/L 盐酸调节样品 pH＜2，0～4℃冷藏保存	14 d	40	—	0.04 μg/L
		地表水和污水监测技术规范	HJ/T 91—2002	对江河、湖泊、水库和渠道的水质监测	硬质玻璃瓶	—	盐酸+抗坏血酸	用 1+10 盐酸调至 pH=2，加入 0.01～0.02 g 抗坏血酸除去残余氯，0～4℃冷藏，避光保存	12 h	1 000		—
		水质 样品的保存和管理技术规定	HJ 493—2009	天然水、生活污水及工业废水	硬质玻璃瓶	—	盐酸+抗坏血酸	用 1+10 盐酸调至 pH≤2，加入 0.01～0.02 g 抗坏血酸除去残余氯；1～5℃冷藏，避光保存	12 h	1 000	—	—

序号	测定项目	方法名称	方法依据	适用范围	采样容器	采样方法	固定剂	保存方法及保存剂用量	保存期	采样量/mL	容器洗涤	检出限
9	1,2-二氯苯	水质 挥发性有机物的测定 吹扫捕集/气相色谱-质谱法	HJ 639—2012	海水、地下水、地表水、生活污水和工业废水	40 mL 棕色玻璃瓶，具硅橡胶-聚四氟乙烯衬垫螺旋盖	水样在样品瓶中溢流而不留空间。取样时应尽量避免或减少样品在空气中暴露。所有样品均采集平行双样，每批样品带一个全程序空白和一个运输空白。采样时不需用样品进行荡洗	抗坏血酸+盐酸	每 40 mL 样品需加入 25 mg 的抗坏血酸；若样品中总余氯的量超过 5 mg/L，总余氯每超过 5 mg/L，需要多加 25 mg 的抗坏血酸。采样时，水样呈中性时向每个样品瓶中加入 0.5 mL 盐酸溶液，拧紧瓶盖；水样呈碱性时应加入适量盐酸溶液使样品 pH≤2。4℃冷藏保存	14 d	40	样品瓶应在采样前用甲醇清洗	全扫描模式（SCAN）：0.8 μg/L；选择离子扫描模式（SIM）：0.4 μg/L
							—	当水样加盐酸溶液后产生大量气泡时，应弃去该样品，重新采集样品。重新采集的样品不应加盐酸溶液，样品标签上应注明未酸化，4℃冷藏保存	24 h			
		水质 挥发性有机物的测定 顶空/气相色谱-质谱法	HJ 810—2016	地表水、地下水、生活污水、工业废水和海水	40 mL 棕色玻璃瓶，具硅橡胶-聚四氟乙烯衬垫螺旋盖	采集样品时，不宜用水样进行荡洗，应使水样在样品瓶中溢流且不留空间	抗坏血酸+盐酸	若水样中含有余氯，采样前，应向 40 mL 棕色采样瓶中加入 25 mg 的抗坏血酸。若水样中余氯含量超过 5 mg/L，应按比例增加抗坏血酸的加入量，余氯含量每增加 5 mg/L，则应多加入 25 mg 的抗坏血酸。样品采集后，应立即加入适量盐酸溶液，使样品 pH≤2，拧紧瓶盖，0～4℃冷藏，避光和密封保存	14 d	40	—	全扫描模式（SCAN）：3 μg/L；选择离子扫描模式（SIM）：0.9 μg/L
							—	当水样加盐酸溶液后有气泡产生，须重新采样，重新采集的样品不加盐酸溶液保存，样品标签上应注明未酸化	24 h			

序号	测定项目	方法名称	方法依据	适用范围	采样容器	采样方法	固定剂	保存方法及保存剂用量	保存期	采样量/mL	容器洗涤	检出限
9	1,2-二氯苯	水质 氯苯类化合物的测定 气相色谱法	HJ 621—2011	地表水、地下水、饮用水、海水、工业废水和生活污水	棕色玻璃瓶	样品充满采样瓶。用内衬聚四氟乙烯硅胶垫（或铝箔垫）的瓶盖密封	浓硫酸	采样时每升水样中加入 1.0 mL 浓硫酸，于 2～5℃冷藏保存	7 d	1 000	—	0.29 μg/L
		生活饮用水标准检验方法 有机物指标（附录A 吹脱捕集/气相色谱-质谱法测定挥发性有机化合物）	GB/T 5750.8—2006（附录 A）	生活饮用水、水源地表水和地下水	40 mL 棕色玻璃瓶附螺旋盖及聚四氟乙烯垫片	水样在瓶中溢流出而不流气泡；若从开放的水体中采样，先用 1 L 的广口瓶或烧杯从有代表性的区域中采样，再把水样从广口瓶或烧杯中倒入样品瓶中。所有样品均采集平行样，每批样品要带一个现场空白	盐酸溶液（无余氯样品）；抗坏血酸+盐酸（有余氯样品）	不含余氯的样品和现场空白，每 40 mL 水样中加 4 滴 4 mol/L 的盐酸做固定剂，4℃冷藏保存。 含余氯的样品和现场空白，在样品瓶中先加入抗坏血酸（每 40 mL 水样中加 25 mg），待样品瓶中充满水样并溢流后，每 20 mL 样品中加入 1 滴 4 mol/L 盐酸调节样品 pH＜2。4℃冷藏保存	14 d	40	—	0.03 μg/L
		地表水和污水监测技术规范	HJ/T 91—2002	对江河、湖泊、水库和渠道的水质监测	硬质玻璃瓶	—	盐酸+抗坏血酸	用 1+10 盐酸调至 pH=2，加入 0.01～0.02 g 抗坏血酸除去残余氯，0～4℃冷藏，避光保存	12 h	1 000	洗涤剂洗 1 次，自来水洗 3 次，蒸馏水洗 1 次	—
10	1,2-二氯苯（邻二氯苯）	水质 氯苯类化合物的测定 气相色谱法	HJ 621—2011	地表水、地下水、饮用水、海水、工业废水及生活污水	棕色玻璃瓶	用棕色玻璃瓶采集样品，使样品充满采样瓶。用内衬聚四氟乙烯硅胶垫（或铝箔垫）的瓶盖密封	浓硫酸	如当天不能分析，采样时每升水样中加入 1.0 mL 浓硫酸，2～5℃冷藏保存，7 d 内完成样品分析	7 d	1 000	—	0.29 μg/L

序号	测定项目	方法名称	方法依据	适用范围	采样容器	采样方法	固定剂	保存方法及保存剂用量	保存期	采样量/mL	容器洗涤	检出限
10	1,2-二氯苯（邻二氯苯）	水质 挥发性有机物的测定 吹扫捕集/气相色谱-质谱法	HJ 639—2012	海水、地下水、地表水、生活污水和工业废水	样品瓶：40 mL 棕色玻璃瓶，具硅橡胶-聚四氟乙烯衬垫螺旋盖	采样前，需要向每个样品瓶中加入抗坏血酸，采样时，水样呈中性时向每个样品瓶中加入 0.5 mL 盐酸溶液	盐酸	样品采集后冷藏运输。运回实验室后应立即放入冰箱中，0～4℃冷藏保存	14 d	40	—	0.8 μg/L
		水质 挥发性有机物的测定 顶空/气相色谱-质谱法	HJ 810—2016	地表水、地下水、生活污水、工业废水和海水	采样瓶：40 mL 棕色螺口玻璃瓶，具硅橡胶-聚四氟乙烯衬垫螺旋盖，放置于不含挥发性有机物的区域	若水样中含有余氯，采样前，应向 40 mL 棕色采样瓶中加 25 mg（精确至 0.001 g）抗坏血酸。若水样中余氯含量超过 5 mg/L，应按比例增加抗坏血酸的加入量，余氯含量每增加 5 mg/L，则应多加入 25 mg 抗坏血酸	盐酸	样品采集后，应立即加入适量盐酸溶液，使样品 pH≤2，拧紧瓶塞，贴上标签，0～4℃冷藏保存	14 d	40	—	3 μg/L
11	1,2-二氯丙烷	水质 挥发性有机物的测定 吹扫捕集/气相色谱-质谱法	HJ 639—2012	海水、地下水、地表水、生活污水和工业废水	40 mL 棕色玻璃瓶，具硅橡胶-聚四氟乙烯衬垫螺旋盖	水样在样品瓶中溢流而不留空间。取样时应尽量避免或减少样品在空气中暴露。所有样品均采集平行双样，每批样品带一个全程序空白和一个运输空白。采样时不需用样品进行荡洗	抗坏血酸+盐酸	每 40 mL 样品需加入 25 mg 的抗坏血酸；若样品中总余氯的量超过 5 mg/L，总余氯每超过 5 mg/L，需要多加 25 mg 的抗坏血酸。采样时，水样呈中性时向每个样品瓶中加入 0.5 mL 盐酸溶液，拧紧瓶盖；水样呈碱性时应加入适量盐酸溶液使样品 pH≤2。4℃冷藏保存	14 d	40	样品瓶应在采样前用甲醇清洗	全扫描模式（SCAN）：1.2 μg/L;选择离子扫描模式（SIM）：0.4 μg/L
							—	当水样加盐酸溶液后产生大量气泡时，应弃去该样品，重新采集样品。重新采集的样品不应加盐酸溶液，样品标签上应注明未酸化。4℃冷藏保存				

序号	测定项目	方法名称	方法依据	适用范围	采样容器	采样方法	固定剂	保存方法及保存剂用量	保存期	采样量/mL	容器洗涤	检出限
11	1,2-二氯丙烷	水质 挥发性有机物的测定 顶空/气相色谱-质谱法	HJ 810—2016	地表水、地下水、生活污水、工业废水和海水	40 mL 棕色玻璃瓶，具硅橡胶-聚四氟乙烯衬垫螺旋盖	采集样品时，不宜用水样进行荡洗，应使水样在样品瓶中溢流且不留空间	抗坏血酸+盐酸	若水样中含有余氯，采样前，应向 40 mL 棕色采样瓶中加入 25 mg 的抗坏血酸。若水样中余氯含量超过 5 mg/L，应按比例增加抗坏血酸的加入量，余氯含量每增加 5 mg/L，则应多加入 25 mg 的抗坏血酸。样品采集后，应立即加入适量盐酸溶液，使样品 pH≤2，拧紧瓶盖，0～4℃冷藏，避光和密封保存	14 d	40	—	全扫描模式（SCAN）：5 μg/L；选择离子扫描模式（SIM）：0.8 μg/L
							—	当水样加盐酸溶液后有气泡产生，须重新采样，重新采集的样品不加盐酸溶液保存，样品标签上应注明未酸化	24 h			
		生活饮用水标准检验方法 有机物指标（附录A 吹脱捕集/气相色谱-质谱法测定挥发性有机化合物）	GB/T 5750.8—2006（附录 A）	生活饮用水、水源地表水和地下水	40 mL 棕色玻璃瓶附螺旋盖及聚四氟乙烯垫片	水样在瓶中溢流出而不流气泡；若从开放的水体中采样，先用 1 L 的广口瓶或烧杯从有代表性的区域中采样，再把水样从广口瓶或烧杯中倒入样品瓶中。所有样品均采集平行样，每批样品要带一个现场空白	盐酸溶液（无余氯样品）；抗坏血酸+盐酸（有余氯样品）	不含余氯的样品和现场空白，每 40 mL 水样中加 4 滴 4 mol/L 的盐酸做固定剂，4℃冷藏保存。含余氯的样品和现场空白，在样品瓶中先加入抗坏血酸（每 40 mL 水样中加 25 mg），待样品瓶中充满水样并溢流后，每 20 mL 样品中加入 1 滴 4 mol/L 盐酸调节样品 pH＜2，0～4℃冷藏保存	14 d	40	—	0.04 μg/L

序号	测定项目	方法名称	方法依据	适用范围	采样容器	采样方法	固定剂	保存方法及保存剂用量	保存期	采样量/mL	容器洗涤	检出限
11	1,2-二氯丙烷	地表水和污水监测技术规范	HJ/T 91—2002	对江河、湖泊、水库和渠道的水质监测	硬质玻璃瓶	—	盐酸+抗坏血酸	用 1+10 盐酸调至 pH=2，加入 0.01～0.02 g 抗坏血酸除去残余氯，0～4℃冷藏，避光保存	12 h	1 000	洗涤剂洗 1 次，自来水洗 3 次，蒸馏水洗 1 次	—
		水质 样品的保存和管理技术规定	HJ 493—2009	天然水、生活污水及工业废水	硬质玻璃瓶	—	盐酸+抗坏血酸	用 1+10 盐酸调至 pH≤2，加入 0.01～0.02 g 抗坏血酸除去残余氯；1～5℃冷藏，避光保存	12 h	1 000	—	—
12	1,2-二氯乙烷	水质 挥发性有机物的测定 吹扫捕集/气相色谱法	HJ 686—2014	地表水、地下水、生活污水和工业废水中挥发性有机物的测定	棕色玻璃瓶，螺旋盖（带聚四氟乙烯涂层密封垫）	所有样品均采集平行双样，每批样品带一个全程序空白和一个运输空白，样品采集时不需用水样荡洗	盐酸溶液（无余氯样品）；抗坏血酸+盐酸（有余氯样品）	无余氯样品：0.5 mL 盐酸溶液，4℃冷藏保存；有余氯样品：加入约 25 mg 抗坏血酸，再加 0.5 mL 盐酸溶液，4℃冷藏保存	14 d	40	—	0.1 μg/L
		水质 挥发性有机物的测定 吹扫捕集/气相色谱-质谱法	HJ 639—2012	海水、地下水、地表水、生活污水和工业废水	40 mL 棕色玻璃瓶，具硅橡胶-聚四氟乙烯衬垫螺旋盖	水样在样品瓶中溢流而不留空间。取样时应尽量避免或减少样品在空气中暴露。所有样品均采集平行双样，每批样品带一个全程序空白和一个运输空白。采样时不需用样品进行荡洗	抗坏血酸+盐酸	每 40 mL 样品需加入 25 mg 的抗坏血酸；若样品中总余氯的量超过 5 mg/L，总余氯每超过 5 mg/L，需要多加 25 mg 的抗坏血酸。采样时，水样呈中性时向每个样品瓶中加入 0.5 mL 盐酸溶液，拧紧瓶盖；水样呈碱性时应加入适量盐酸溶液使样品 pH≤2。4℃冷藏保存	14 d	40	样品瓶应在采样前用甲醇清洗	全扫描模式（SCAN）：1.4 μg/L；选择离子扫描模式（SIM）：0.4 μg/L
							—	当水样加盐酸溶液后产生大量气泡时，应弃去该样品，重新采集样品。重新采集的样品不应加盐酸溶液，样品标签上应注明未酸化。4℃冷藏保存	24 h			

序号	测定项目	方法名称	方法依据	适用范围	采样容器	采样方法	固定剂	保存方法及保存剂用量	保存期	采样量/mL	容器洗涤	检出限
12	1,2-二氯乙烷	水质　挥发性有机物的测定　顶空/气相色谱-质谱法	HJ 810—2016	地表水、地下水、生活污水、工业废水和海水	40 mL 棕色玻璃瓶，具硅橡胶-聚四氟乙烯衬垫螺旋盖	采集样品时，不宜用水样进行荡洗，应使水样在样品瓶中溢流且不留空间	抗坏血酸+盐酸	若水样中含有余氯，采样前，应向 40 mL 棕色采样瓶中加入 25 mg 的抗坏血酸。若水样中余氯含量超过 5 mg/L，应按比例增加抗坏血酸的加入量，余氯含量每增加 5 mg/L，则应多加入 25 mg 的抗坏血酸。样品采集后，应立即加入适量盐酸溶液，使样品 pH≤2，拧紧瓶盖，0～4℃冷藏，避光和密封保存	14 d	40	—	全扫描模式（SCAN）：4 μg/L；选择离子扫描模式（SIM）：0.8 μg/L
							—	当水样加盐酸溶液后有气泡产生，须重新采样，重新采集的样品不加盐酸溶液保存，样品标签上应注明未酸化	24 h			
		水质　挥发性卤代烃的测定　顶空气相色谱法	HJ 620—2011	地表水、地下水、饮用水、海水、工业废水和生活污水	具聚四氟乙烯衬垫和实心螺旋盖	采样时样品沿瓶壁注入，防止气泡产生，水样充满后不留液上空间。所有样品均采集平行样	抗坏血酸或硫代硫酸钠	如果水样含有余氯，向采样瓶中加入 0.3～0.5 g 抗坏血酸或硫代硫酸钠。4℃左右冷藏保存	7 d 内完成分析	40	—	2.35 μg/L
		生活饮用水标准检验方法　消毒副产物指标（顶空气相色谱法）	GB/T 5750.10—2006（5.1）	生活饮用水及其水源	细口瓶	水样至满瓶，不应有气泡，立即用垫有聚四氟乙烯薄膜（或铝箔）的翻好胶塞盖好	—	冷藏保存	不得超过 4 h	250	—	13 μg/L

序号	测定项目	方法名称	方法依据	适用范围	采样容器	采样方法	固定剂	保存方法及保存剂用量	保存期	采样量/mL	容器洗涤	检出限
12	1,2-二氯乙烷	生活饮用水标准检验方法 有机物指标（附录A 吹脱捕集/气相色谱-质谱法测定挥发性有机化合物）	GB/T 5750.8—2006（附录A）	生活饮用水、水源地表水和地下水	40 mL 棕色玻璃瓶附螺旋盖及聚四氟乙烯垫片	采样时，使水样在瓶中溢流出而不流气泡；若从开放的水体中采样，先用1 L的广口瓶或烧杯从有代表性的区域中采样，再把水样从广口瓶或烧杯中倒入样品瓶中。所有样品均采集平行样，每批样品要带一个现场空白	盐酸溶液（无余氯样品）；抗坏血酸+盐酸（有余氯样品）	不含余氯的样品和现场空白，每40 mL水样中加4滴4 mol/L的盐酸做固定剂，4℃冷藏保存。含余氯的样品和现场空白，在样品瓶中先加入抗坏血酸（每40 mL水样中加25 mg），待样品瓶中充满水样并溢流后，每20 mL样品中加入1滴4 mol/L盐酸调节样品pH＜2。4℃冷藏保存	14 d	40	—	0.06 μg/L
		地表水和污水监测技术规范	HJ/T 91—2002	对江河、湖泊、水库和渠道的水质监测	硬质玻璃瓶	—	盐酸+抗坏血酸	用1+10盐酸调至pH=2，加入0.01～0.02 g抗坏血酸除去残余氯，0～4℃冷藏，避光保存	12 h	1 000	洗涤剂洗1次，自来水洗3次，蒸馏水洗1次	—
		水质 样品的保存和管理技术规定	HJ 493—2009	天然水、生活污水及工业废水	硬质玻璃瓶	—	盐酸+抗坏血酸	用1+10盐酸调至pH≤2，加入0.01～0.02 g抗坏血酸除去残余氯；1～5℃冷藏，避光保存	12 h	1 000	—	—
13	1,2-二氯乙烯	水质 挥发性卤代烃的测定 顶空气相色谱法	HJ 620—2011	地表水、地下水、饮用水、海水、工业废水和生活污水	采样瓶：40 mL	采样用40 mL采样瓶。如果水样含有余氯，向采样瓶中加入0.3～0.5 g抗坏血酸或硫代硫酸钠。采样时样品沿瓶壁注入，防止气泡产生，水样充满后不留液上空间	—	水样采集后应立即于4℃左右冷藏保存，送回实验室应尽快分析，如不能及时分析，可在4℃左右冷藏保存，样品存放区域无有机物干扰	7 d	40	—	1.38 μg/L
		水质 挥发性有机物的测定 吹扫捕集/气相色谱-质谱法	HJ 639—2012	海水、地下水、地表水、生活污水和工业废水	样品瓶：40 mL 棕色玻璃瓶，具硅橡胶-聚四氟乙烯衬垫螺旋盖	采样前，需要向每个样品瓶中加入抗坏血酸，采样时，水样呈中性时向每个样品瓶中加入0.5 mL 盐酸溶液	盐酸	样品采集后冷藏运输。0～4℃冷藏保存	14 d	40	—	1.1 μg/L

序号	测定项目	方法名称	方法依据	适用范围	采样容器	采样方法	固定剂	保存方法及保存剂用量	保存期	采样量/mL	容器洗涤	检出限
13	1,2-二氯乙烯	水质 挥发性有机物的测定 吹扫捕集/气相色谱法	HJ 686—2014	地表水、地下水、生活污水和工业废水	样品瓶：40 mL 棕色玻璃瓶，螺旋盖（带聚四氟乙烯涂层密封垫）	用 40 mL 采样瓶采样。如果水样含有余氯，向采样瓶中加入约 25 mg 抗坏血酸	盐酸	加 0.5 mL 盐酸溶液，4℃冷藏保存	14 d	40	—	0.1 μg/L
		水质 挥发性有机物的测定 顶空/气相色谱-质谱法	HJ 810—2016	地表水、地下水、生活污水、工业废水和海水	采样瓶：40 mL 棕色螺口玻璃瓶，具硅橡胶-聚四氟乙烯衬垫螺旋盖，放置于不含挥发性有机物的区域	若水样中含有余氯，采样前，应向 40 mL 棕色采样瓶中加 25 mg（精确至 0.001 g）抗坏血酸。若水样中余氯含量超过 5 mg/L，应按比例增加抗坏血酸的加入量，余氯含量每增加 5 mg/L，则应多加入 25 mg 抗坏血酸	盐酸	样品采集后，应立即加入适量盐酸溶液，使样品 pH≤2，拧紧瓶塞，贴上标签，0～4℃冷藏运输	14 d	40	—	3 μg/L
14	1,3,5-三氯苯	水质 氯苯类化合物的测定 气相色谱法	HJ 621—2011	地表水、地下水、饮用水、海水、工业废水和生活污水	棕色玻璃瓶	样品充满采样瓶。用内衬聚四氟乙烯硅胶垫（或铝箔垫）的瓶盖密封	浓硫酸	采样时每升水样中加入 1.0 mL 浓硫酸，于 2～5℃冷藏保存	7 d	1 000	—	0.11 μg/L
		水质 有机氯农药和氯苯类化合物的测定 气相色谱-质谱法	HJ 699—2014	地表水、地下水、生活污水、工业废水和海水	带玻璃塞的棕色磨口瓶或具有聚四氟乙烯衬垫的棕色螺口玻璃瓶	—	盐酸溶液：1+1	样品采集后立即用 1+1 盐酸溶液调节 pH＜2，4℃冷藏保存	7 d 内完成萃取；萃取液在 40 d 内完成分析	—	—	液液萃取法：0.037 μg/L；固相萃取法：0.030 μg/L

序号	测定项目	方法名称	方法依据	适用范围	采样容器	采样方法	固定剂	保存方法及保存剂用量	保存期	采样量/mL	容器洗涤	检出限
15	1,4-二氯苯	水质 挥发性有机物的测定 吹扫捕集/气相色谱-质谱法	HJ 639—2012	海水、地下水、地表水、生活污水和工业废水	40 mL 棕色玻璃瓶，具硅橡胶-聚四氟乙烯衬垫螺旋盖	水样在样品瓶中溢流而不留空间。取样时应尽量避免或减少样品在空气中暴露。所有样品均采集平行双样，每批样品带一个全程序空白和一个运输空白。采样时不需用样品进行荡洗	抗坏血酸+盐酸	每 40 mL 样品需加入 25 mg 的抗坏血酸；若样品中总余氯的量超过 5 mg/L，总余氯每超过 5 mg/L，需要多加 25 mg 的抗坏血酸。采样时，水样呈中性时向每个样品瓶中加入 0.5 mL 盐酸溶液，拧紧瓶盖；水样呈碱性时应加入适量盐酸溶液使样品 pH≤2，4℃冷藏保存	14 d	40	样品瓶应在采样前用甲醇清洗	全扫描模式（SCAN）：0.8 μg/L；选择离子扫描模式（SIM）：0.4 μg/L
							—	当水样加盐酸溶液后产生大量气泡时，应弃去该样品，重新采集样品。重新采集的样品不应加盐酸溶液，样品标签上应注明未酸化，4℃冷藏保存	24 h			
		水质 挥发性有机物的测定 顶空/气相色谱-质谱法	HJ 810—2016	地表水、地下水、生活污水、工业废水和海水	40 mL 棕色玻璃瓶，具硅橡胶-聚四氟乙烯衬垫螺旋盖	采集样品时，不宜用水样进行荡洗，应使水样在样品瓶中溢流且不留空间	抗坏血酸+盐酸	若水样中含有余氯，采样前，应向 40 mL 棕色采样瓶中加入 25 mg 的抗坏血酸。若水样中余氯含量超过 5 mg/L，应按比例增加抗坏血酸的加入量，余氯含量每增加 5 mg/L，则应多加入 25 mg 的抗坏血酸。样品采集后，应立即加入适量盐酸溶液，使样品 pH≤2，拧紧瓶盖，0～4℃冷藏，避光和密封保存	14 d	40	—	全扫描模式（SCAN）：5 μg/L；选择离子扫描模式（SIM）：0.8 μg/L
							—	当水样加盐酸溶液后有气泡产生，须重新采样，重新采集的样品不加盐酸溶液保存，样品标签上应注明未酸化	24 h			

序号	测定项目	方法名称	方法依据	适用范围	采样容器	采样方法	固定剂	保存方法及保存剂用量	保存期	采样量/mL	容器洗涤	检出限
15	1,4-二氯苯	水质　氯苯类化合物的测定　气相色谱法	HJ 621—2011	地表水、地下水、饮用水、海水、工业废水和生活污水	棕色玻璃瓶	样品充满采样瓶。用内衬聚四氟乙烯硅胶垫（或铝箔垫）的瓶盖密封	浓硫酸	采样时每升水样中加入1.0 mL 浓硫酸，于2～5℃冷藏保存	7 d	1 000	—	0.23 μg/L
		生活饮用水标准检验方法 有机物指标(附录A 吹脱捕集/气相色谱-质谱法测定挥发性有机化合物)	GB/T 5750.8—2006（附录A）	生活饮用水、水源地表水和地下水	40 mL 棕色玻璃瓶附螺旋盖及聚四氟乙烯垫片	采样时，使水样在瓶中溢流出而不流气泡；若从开放的水体中采样，先用1 L 的广口瓶或烧杯从有代表性的区域中采样，再把水样从广口瓶或烧杯中倒入样品瓶中。所有样品均采集平行样，每批样品要带一个现场空白	盐酸溶液（无余氯样品）；抗坏血酸+盐酸（有余氯样品）	不含余氯的样品和现场空白，每40 mL 水样中加4滴4 mol/L 的盐酸做固定剂，4℃冷藏保存。 含余氯的样品和现场空白，在样品瓶中先加入抗坏血酸（每40 mL 水样中加25 mg），待样品瓶中充满水样并溢流后，每20 mL 样品中加入1滴4 mol/L 盐酸调节样品 pH<2，0～4℃冷藏保存	14 d	40	—	0.03 μg/L
		地表水和污水监测技术规范	HJ/T 91—2002	对江河、湖泊、水库和渠道的水质监测	硬质玻璃瓶	—	盐酸+抗坏血酸	用1+10 盐酸调至 pH=2，加入0.01～0.02 g 抗坏血酸除去残余氯，0～4℃冷藏，避光保存	12 h	1 000	洗涤剂洗1次，自来水洗3次，蒸馏水洗1次	—
		水质　样品的保存和管理技术规定	HJ 493—2009	天然水、生活污水及工业废水	硬质玻璃瓶	—	盐酸+抗坏血酸	用1+10 盐酸调至 pH≤2，加入0.01～0.02 g 抗坏血酸除去残余氯；1～5℃冷藏，避光保存	12 h	1 000	—	—

序号	测定项目	方法名称	方法依据	适用范围	采样容器	采样方法	固定剂	保存方法及保存剂用量	保存期	采样量/mL	容器洗涤	检出限
16	1,4-二氯苯（对二氯苯）	水质 氯苯类化合物的测定 气相色谱法	HJ 621—2011	地表水、地下水、饮用水、海水、工业废水及生活污水	棕色玻璃瓶	用棕色玻璃瓶采集样品，使样品充满采样瓶。用内衬聚四氟乙烯硅胶垫（或铝箔垫）的瓶盖密封	浓硫酸	如当天不能分析，采样时每升水样中加入 1.0 mL 浓硫酸，2～5℃冷藏保存，7 d 内完成样品分析	7 d	1 000	—	0.23 μg/L
		水质 挥发性有机物的测定 吹扫捕集/气相色谱-质谱法	HJ 639—2012	海水、地下水、地表水、生活污水和工业废水	样品瓶：40 mL 棕色玻璃瓶，具硅橡胶-聚四氟乙烯衬垫螺旋盖	采样前，需要向每个样品瓶中加入抗坏血酸，采样时，水样呈中性时向每个样品瓶中加入 0.5 mL 盐酸溶液	盐酸	样品采集后冷藏运输。运回实验室后应立即放入冰箱中，0～4℃冷藏保存	14 d	40	—	0.8 μg/L
		水质 挥发性有机物的测定 顶空/气相色谱-质谱法	HJ 810—2016	地表水、地下水、生活污水、工业废水和海水	采样瓶：40 mL 棕色螺口玻璃瓶，具硅橡胶-聚四氟乙烯衬垫螺旋盖，放置于不含挥发性有机物的区域	若水样中含有余氯，采样前，应向 40 mL 棕色采样瓶中加 25 mg（精确至 0.001 g）抗坏血酸。若水样中余氯含量超过 5 mg/L，应按比例增加抗坏血酸的加入量，余氯含量每增加 5 mg/L，则应多加入 25 mg 抗坏血酸	盐酸	样品采集后，应立即加入适量盐酸溶液，使样品 pH≤2，拧紧瓶塞，贴上标签，0～4℃冷藏运输	14 d	40	—	5 μg/L
17	2,2′,3,4,4′,5,5′-七氯联苯	水质 多氯联苯的测定 气相色谱-质谱法	HJ 715—2014	地表水、地下水、工业废水和生活污水	棕色具磨口塞玻璃瓶	水样充满样品瓶	—	0～4℃冷藏，避光保存	7 d 内完成萃取	1 000 或 2 000 或 10 000	—	固相萃取法：1.6 ng/L；液液萃取法：2.1 ng/L
		水质 样品的保存和管理技术规定	HJ 493—2009	天然水、生活污水及工业废水	硬质玻璃瓶溶剂洗，带聚四氟乙烯瓶盖	不能用水样冲洗采样容器	硫代硫酸钠	尽可能现场萃取。如果样品加氯，采样前 1 000 mL 样加 80 mg 硫代硫酸钠 1～5℃冷藏保存	7 d	1 000	—	—

序号	测定项目	方法名称	方法依据	适用范围	采样容器	采样方法	固定剂	保存方法及保存剂用量	保存期	采样量/mL	容器洗涤	检出限
18	2,2′,3,4,4′,5′-六氯联苯	水质 多氯联苯的测定 气相色谱-质谱法	HJ 715—2014	地表水、地下水、工业废水和生活污水	棕色具磨口塞玻璃瓶	水样充满样品瓶	—	0～4℃冷藏，避光保存	7 d 内完成萃取	1 000 或 2 000 或 10 000	—	固相萃取法：1.6 ng/L；液液萃取法：2.1 ng/L
		水质 样品的保存和管理技术规定	HJ 493—2009	天然水、生活污水及工业废水	硬质玻璃瓶溶剂洗，带聚四氟乙烯瓶盖	不能用水样冲洗采样容器	硫代硫酸钠	尽可能现场萃取。如果样品加氯，采样前 1 000 mL 样加 80 mg 硫代硫酸钠，1～5℃冷藏保存	7 d	1 000	—	—
19	2,2′,4,4′,5,5′-六氯联苯	水质 多氯联苯的测定 气相色谱-质谱法	HJ 715—2014	地表水、地下水、工业废水和生活污水	棕色具磨口塞玻璃瓶	水样充满样品瓶	—	0～4℃冷藏，避光保存	7 d 内完成萃取	1 000 或 2 000 或 10 000	—	固相萃取法：1.6 ng/L；液液萃取法：2.1 ng/L
		水质 样品的保存和管理技术规定	HJ 493—2009	天然水、生活污水及工业废水	硬质玻璃瓶溶剂洗，带聚四氟乙烯瓶盖	不能用水样冲洗采样容器	硫代硫酸钠	尽可能现场萃取。如果样品加氯，采样前 1 000 mL 样加 80 mg 硫代硫酸钠 1～5℃冷藏保存	7 d	1 000	—	—
20	2,2′,4,5,5′-五氯联苯	水质 多氯联苯的测定 气相色谱-质谱法	HJ 715—2014	地表水、地下水、工业废水和生活污水	棕色具磨口塞玻璃瓶	水样充满样品瓶	—	0～4℃冷藏，避光保存	7 d 内完成萃取	1 000 或 2 000 或 10 000	—	固相萃取法：1.6 ng/L；液液萃取法：1.8 ng/L
		水质 样品的保存和管理技术规定	HJ 493—2009	天然水、生活污水及工业废水	硬质玻璃瓶溶剂洗，带聚四氟乙烯瓶盖	不能用水样冲洗采样容器	硫代硫酸钠	尽可能现场萃取。如果样品加氯，采样前 1 000 mL 样加 80 mg 硫代硫酸钠，1～5℃冷藏保存	7 d	1 000	—	—
21	2,2′,5,5′-四氯联苯	水质 多氯联苯的测定 气相色谱-质谱法	HJ 715—2014	地表水、地下水、工业废水和生活污水	棕色具磨口塞玻璃瓶	水样充满样品瓶	—	0～4℃冷藏，避光保存	7 d 内完成萃取	1 000 或 2 000 或 10 000	—	固相萃取法：1.6 ng/L；液液萃取法：1.7 ng/L
		水质 样品的保存和管理技术规定	HJ 493—2009	天然水、生活污水及工业废水	硬质玻璃瓶溶剂洗，带聚四氟乙烯瓶盖	不能用水样冲洗采样容器	硫代硫酸钠	尽可能现场萃取。如果样品加氯，采样前 1 000 mL 样加 80 mg 硫代硫酸钠 1～5℃冷藏保存	7 d	1 000	—	—

序号	测定项目	方法名称	方法依据	适用范围	采样容器	采样方法	固定剂	保存方法及保存剂用量	保存期	采样量/mL	容器洗涤	检出限
22	2,3,3′,4,4′,5,5′-七氯联苯	水质 多氯联苯的测定 气相色谱-质谱法	HJ 715—2014	地表水、地下水、工业废水和生活污水	棕色具磨口塞玻璃瓶	水样充满样品瓶	—	0～4℃冷藏，避光保存	7 d 内完成萃取	1 000 或 2 000 或 10 000	—	固相萃取法：1.6 ng/L；液液萃取法：2.2 ng/L
		水质 样品的保存和管理技术规定	HJ 493—2009	天然水、生活污水及工业废水	硬质玻璃瓶溶剂洗，带聚四氟乙烯瓶盖	不能用水样冲洗采样容器	硫代硫酸钠	尽可能现场萃取。如果样品加氯，采样前 1 000 mL 样加 80 mg 硫代硫酸钠，1～5℃冷藏保存	7 d	1 000	—	—
23	2,3,3′,4,4′,5-六氯联苯	水质 多氯联苯的测定 气相色谱-质谱法	HJ 715—2014	地表水、地下水、工业废水和生活污水	棕色具磨口塞玻璃瓶	水样充满样品瓶	—	0～4℃冷藏，避光保存	7 d 内完成萃取	1 000 或 2 000 或 10 000	—	固相萃取法：1.6 ng/L；液液萃取法：1.4 ng/L
		水质 样品的保存和管理技术规定	HJ 493—2009	天然水、生活污水及工业废水	硬质玻璃瓶溶剂洗，带聚四氟乙烯瓶盖	不能用水样冲洗采样容器	硫代硫酸钠	尽可能现场萃取。如果样品加氯，采样前 1 000 mL 样加 80 mg 硫代硫酸钠 1～5℃冷藏保存	7 d	1 000	—	—
24	2,3,3′,4,4′,6-六氯联苯	水质 多氯联苯的测定 气相色谱-质谱法	HJ 715—2014	地表水、地下水、工业废水和生活污水	棕色具磨口塞玻璃瓶	水样充满样品瓶	—	0～4℃冷藏，避光保存	7 d 内完成萃取	1 000 或 2 000 或 10 000	—	固相萃取法：1.6 ng/L；液液萃取法：2.2 ng/L
		水质 样品的保存和管理技术规定	HJ 493—2009	天然水、生活污水及工业废水	硬质玻璃瓶溶剂洗，带聚四氟乙烯瓶盖	不能用水样冲洗采样容器	硫代硫酸钠	尽可能现场萃取。如果样品加氯，采样前 1 000 mL 样加 80 mg 硫代硫酸钠 1～5℃冷藏保存	7 d	1 000	—	—
25	2,3,3′,4,4′-五氯联苯	水质 多氯联苯的测定 气相色谱-质谱法	HJ 715—2014	地表水、地下水、工业废水和生活污水	棕色具磨口塞玻璃瓶	水样充满样品瓶	—	0～4℃冷藏，避光保存	7 d 内完成萃取	1 000 或 2 000 或 10 000	—	固相萃取法：1.6 ng/L；液液萃取法：2.1 ng/L
		水质 样品的保存和管理技术规定	HJ 493—2009	天然水、生活污水及工业废水	硬质玻璃瓶溶剂洗，带聚四氟乙烯瓶盖	不能用水样冲洗采样容器	硫代硫酸钠	尽可能现场萃取。如果样品加氯，采样前 1 000 mL 样加 80 mg 硫代硫酸钠，1～5℃冷藏保存	7 d	1 000	—	—

序号	测定项目	方法名称	方法依据	适用范围	采样容器	采样方法	固定剂	保存方法及保存剂用量	保存期	采样量/mL	容器洗涤	检出限
26	2,3,4,4′,5-五氯联苯	水质 多氯联苯的测定 气相色谱-质谱法	HJ 715—2014	地表水、地下水、工业废水和生活污水	棕色具磨口塞玻璃瓶	水样充满样品瓶	—	0～4℃冷藏，避光保存	7 d 内完成萃取	1 000 或 2 000 或 10 000	—	固相萃取法：1.6 ng/L；液液萃取法：2.2 ng/L
		水质 样品的保存和管理技术规定	HJ 493—2009	天然水、生活污水及工业废水	硬质玻璃瓶溶剂洗，带聚四氟乙烯瓶盖	不能用水样冲洗采样容器	硫代硫酸钠	尽可能现场萃取。如果样品加氯，采样前 1 000 mL 样加 80 mg 硫代硫酸钠，1～5℃冷藏保存	7 d	1 000	—	—
27	2,3′,4,4′,5-五氯联苯	水质 多氯联苯的测定 气相色谱-质谱法	HJ 715—2014	地表水、地下水、工业废水和生活污水	棕色具磨口塞玻璃瓶	水样充满样品瓶	—	0～4℃冷藏，避光保存	7 d 内完成萃取	1 000 或 2 000 或 10 000	—	固相萃取法：1.6 ng/L；液液萃取法：2.1 ng/L
		水质 样品的保存和管理技术规定	HJ 493—2009	天然水、生活污水及工业废水	硬质玻璃瓶溶剂洗，带聚四氟乙烯瓶盖	不能用水样冲洗采样容器	硫代硫酸钠	尽可能现场萃取。如果样品加氯，采样前 1 000 mL 样加 80 mg 硫代硫酸钠，1～5℃冷藏保存	7 d	1 000	—	—
28	2,3′,4,4′,5,5′-六氯联苯	水质 多氯联苯的测定 气相色谱-质谱法	HJ 715—2014	地表水、地下水、工业废水和生活污水	棕色具磨口塞玻璃瓶	水样充满样品瓶	—	0～4℃冷藏，避光保存	7 d 内完成萃取	1 000 或 2 000 或 10 000	—	固相萃取法：1.6 ng/L；液液萃取法：2.2 ng/L
		水质 样品的保存和管理技术规定	HJ 493—2009	天然水、生活污水及工业废水	硬质玻璃瓶溶剂洗，带聚四氟乙烯瓶盖	不能用水样冲洗采样容器	硫代硫酸钠	尽可能现场萃取。如果样品加氯，采样前 1 000 mL 样加 80 mg 硫代硫酸钠，1～5℃冷藏保存	7 d	1 000	—	—

序号	测定项目	方法名称	方法依据	适用范围	采样容器	采样方法	固定剂	保存方法及保存剂用量	保存期	采样量/mL	容器洗涤	检出限
29	2,4,4′-三氯联苯	水质　多氯联苯的测定　气相色谱-质谱法	HJ 715—2014	地表水、地下水、工业废水和生活污水	棕色具磨口塞玻璃瓶	水样充满样品瓶	—	0～4℃冷藏，避光保存	7 d 内完成萃取	1 000 或 2 000 或 10 000	—	固相萃取法：1.6 ng/L；液液萃取法：1.8 ng/L
		水质　样品的保存和管理技术规定	HJ 493—2009	天然水、生活污水及工业废水	硬质玻璃瓶溶剂洗，带聚四氟乙烯瓶盖	不能用水样冲洗采样容器	硫代硫酸钠	尽可能现场萃取。如果样品加氯，采样前 1 000 mL 样加 80 mg 硫代硫酸钠，1～5℃冷藏保存	7 d	1 000	—	—
30	2,4,6-三氯苯酚	水质　酚类化合物的测定　气相色谱-质谱法	HJ 744—2015	地表水、地下水、生活污水和工业废水	磨口棕色玻璃瓶	采样时，不要用水样预洗采样瓶，水祥应充满样品瓶并加盖密封	硫酸溶液：1+1	采样后，用 1+1 硫酸溶液，将水样调节至 pH≤2。0～4℃冷藏，避光保存	7 d 内萃取。萃取液在 4℃下避光保存，20 d 内完成分析	—	—	液液萃取法：0.2 μg/L；固相萃取法：0.1 μg/L
		生活饮用水标准检验方法 消毒副产物指标（衍生化气相色谱法）	GB/T 5750.10—2006（12.1）	生活饮用水及其水源水	—	—	浓硫酸，硫酸铜	每升水样中加入 1 mL 硫酸，5 g 硫酸铜，冷藏保存	—	—	—	0.4 μg/L
		生活饮用水标准检验方法 消毒副产物指标（顶空固相微萃取气相色谱法）	GB/T 5750.10—2006（12.2）	生活饮用水及其水源水	具塞试管	—	0.1 mol/L 氢氧化钠	加入 1 mL0.1 mol/L 氢氧化钠	24 h	100	—	0.05 μg/L

序号	测定项目	方法名称	方法依据	适用范围	采样容器	采样方法	固定剂	保存方法及保存剂用量	保存期	采样量/mL	容器洗涤	检出限
30	2,4,6-三氯苯酚	地表水和污水监测技术规范	HJ/T 91—2002	对江河、湖泊、水库和渠道的水质监测	硬质玻璃瓶	—	磷酸+抗坏血酸	用磷酸调至 pH=2，用 0.01～0.02 g 抗坏血酸除去残余氯	24 h	1 000	洗涤剂洗 1 次，自来水洗 3 次，蒸馏水洗 1 次	—
		水质　样品的保存和管理技术规定	HJ 493—2009	天然水、生活污水及工业废水	硬质玻璃瓶	—	磷酸+抗坏血酸	1～5℃冷藏，避光保存。用磷酸调至 pH≤2，加入 0.01～0.02 g 抗坏血酸除去残余氯	24 h	1 000	洗涤剂洗 1 次，自来水洗 3 次，蒸馏水洗 1 次	—
31	2,4,6-三氯酚	水质　酚类化合物的测定　液液萃取/气相色谱法	HJ 676—2013	地表水、地下水、生活污水和工业废水	棕色硬质玻璃瓶	采样时，不要用水样预洗采样瓶，水样应充满样品瓶并加盖密封	盐酸溶液：1+3	采样后，加入适量盐酸溶液将水样调节至 pH＜2。0～4℃冷藏，避光保存	7 d 内萃取。萃取液在 4℃下避光保存，20 d 内完成分析	1 000	—	1.2 μg/L
32	2,4,6-三硝基甲苯	水质　硝基苯类化合物的测定　气相色谱-质谱法	HJ 716—2014	地表水、地下水、工业废水、生活污水和海水	棕色具聚四氟乙烯衬垫的螺口玻璃瓶	采集样品时，不要用水样预洗采样瓶。水样应充满采样瓶并加盖密封	硫代硫酸钠	若水中有残余氯存在，要在每升水中加入 80 g 硫代硫酸钠除氯。4℃冷藏，避光保存	在 7 d 内完成萃取。40 d 内完成分析	1 000～4 000	—	液液萃取法：0.05 μg/L；固相萃取法：0.04 μg/L

序号	测定项目	方法名称	方法依据	适用范围	采样容器	采样方法	固定剂	保存方法及保存剂用量	保存期	采样量/mL	容器洗涤	检出限
32	2,4,6-三硝基甲苯	水质 硝基苯类化合物的测定 液液萃取/固相萃取-气相色谱法	HJ 648—2013	地表水、地下水、工业废水、生活污水和海水	—	—	—	—	—	—	—	液液萃取法：0.021 μg/L；固相萃取法：0.0041 μg/L
33	2,4-滴	生活饮用水标准检验方法 农药指标（气相色谱法）	GB/T 5750.9—2006（12.1）	生活饮用水及其水源水	250 mL 全玻璃采样瓶	于 250 mL 采样瓶中加入约 1.1 mL 的硝酸，使采样后溶液的 pH＜1，样品充满采样瓶	硝酸溶液：1.42 g/mL	4℃冷藏保存	—	250	—	0.05 μg/L
34	2,4-二氯苯酚	水质 酚类化合物的测定 液液萃取/气相色谱法	HJ 676—2013	地表水、地下水、生活污水和工业废水	棕色硬质玻璃瓶	采样时，不要用水样预洗采样瓶，水样应充满样品瓶并加盖密封	盐酸溶液：1+3	采样后，加入适量盐酸溶液将水样调节至 pH＜2。0～4℃冷藏，避光保存	在 7 d 内萃取。萃取液在 4℃下避光保存，20 d 内完成分析	1 000	—	1.1 μg/L
		水质 酚类化合物的测定 气相色谱-质谱法	HJ 744—2015	地表水、地下水、生活污水和工业废水	磨口棕色玻璃瓶	采样时，不要用水样预洗采样瓶，水样应充满样品瓶并加盖密封	硫酸溶液：1+1	采样后，用 1+1 硫酸溶液，将水样调节至 pH≤2。0～4℃冷藏，避光保存	在 7 d 内萃取。萃取液在 4℃下避光保存，20 d 内完成分析	—	—	液液萃取法：0.2 μg/L；固相萃取法：0.1 μg/L

序号	测定项目	方法名称	方法依据	适用范围	采样容器	采样方法	固定剂	保存方法及保存剂用量	保存期	采样量/mL	容器洗涤	检出限
34	2,4-二氯苯酚	生活饮用水标准检验方法 消毒副产物指标（衍生化气相色谱法）	GB/T 5750.10—2006（12.1）	生活饮用水及其水源水	—	—	浓硫酸、硫酸铜	每升水样中加入 1 mL 硫酸，5 g 硫酸铜，冷藏保存	—	—	—	3.2 μg/L
		地表水和污水监测技术规范	HJ/T 91—2002	对江河、湖泊、水库和渠道的水质监测	硬质玻璃瓶	—	磷酸+抗坏血酸	用磷酸调至 pH=2，用 0.01～0.02 g 抗坏血酸除去残余氯	24 h	1 000	洗涤剂洗 1 次，自来水洗 3 次，蒸馏水洗 1 次	—
		水质 样品的保存和管理技术规定	HJ 493—2009	天然水、生活污水及工业废水	硬质玻璃瓶	—	磷酸+抗坏血酸	1～5℃冷藏，避光保存。用磷酸调至 pH≤2，加入 0.01～0.02 g 抗坏血酸除去残余氯	24 h	1 000	洗涤剂洗 1 次，自来水洗 3 次，蒸馏水洗 1 次	—
35	2,4-二硝基甲苯	水质 硝基苯类化合物的测定 气相色谱-质谱法	HJ 716—2014	地表水、地下水、工业废水、生活污水和海水	棕色具聚四氟乙烯衬垫的螺口玻璃瓶	采集样品时，不要用水样预洗采样瓶。水样应充满采样瓶并加盖密封	硫代硫酸钠	若水中有残余氯存在，要在每升水中加入 80 g 硫代硫酸钠除氯。4℃冷藏，避光保存	在 7 d 内完成萃取。40 d 内完成分析	1 000～4 000	—	液液萃取法：0.05 μg/L；固相萃取法：0.04 μg/L
		水质 硝基苯类化合物的测定 液液萃取/固相萃取-气相色谱法	HJ 648—2013	地表水、地下水、工业废水、生活污水和海水	1 L 棕色具磨口塞玻璃瓶	—	—	—	—	1 000	—	液液萃取法：0.018 μg/L；固相萃取法：0.003 8 μg/L

序号	测定项目	方法名称	方法依据	适用范围	采样容器	采样方法	固定剂	保存方法及保存剂用量	保存期	采样量/mL	容器洗涤	检出限
36	2,4-二硝基氯苯	水质 硝基苯类化合物的测定 气相色谱-质谱法	HJ 716—2014	地表水、地下水、工业废水、生活污水和海水	棕色具聚四氟乙烯衬垫的螺口玻璃瓶	采集样品时，不要用水样预洗采样瓶。水样应充满采样瓶并加盖密封	硫代硫酸钠	若水中有残余氯存在，要在每升水中加入 80 g 硫代硫酸钠除氯。4℃冷藏，避光保存	在 7 d 内完成萃取。40 d 内完成分析	1 000～4 000	—	液液萃取法：0.04 μg/L；固相萃取法：0.04 μg/L
		水质 硝基苯类化合物的测定 液液萃取/固相萃取-气相色谱法	HJ 648—2013	地表水、地下水、工业废水、生活污水和海水	—	—	—	—	—	—	—	液液萃取法：0.022 μg/L；固相萃取法：0.0042 μg/L
		生活饮用水标准检验方法 有机物指标（气相色谱法）	GB/T 5750.8—2006（31.1）	生活饮用水及其水源水	磨口玻璃瓶	用玻璃瓶采集水样，盖紧瓶塞	—	4℃冷藏保存	—	—	—	取 250 mL 水样时：0.2 mg/L；取 500 mL 水样时：0.1 mg/L
37	2,6-二硝基甲苯	水质 硝基苯类化合物的测定 气相色谱-质谱法	HJ 716—2014	地表水、地下水、工业废水、生活污水和海水	棕色具聚四氟乙烯衬垫的螺口玻璃瓶	采集样品时，不要用水样预洗采样瓶。水样应充满采样瓶并加盖密封	硫代硫酸钠	若水中有残余氯存在，要在每升水中加入 80 g 硫代硫酸钠除氯。4℃冷藏，避光保存	在 7 d 内完成萃取。40 d 内完成分析	1 000～4 000	—	液液萃取法：0.05 μg/L；固相萃取法：0.05 μg/L
		水质 硝基苯类化合物的测定 液液萃取/固相萃取-气相色谱法	HJ 648—2013	地表水、地下水、工业废水、生活污水和海水	1 L 棕色具磨口塞玻璃瓶	—	—	—	—	1 000	—	液液萃取法：0.017 μg/L；固相萃取法：0.0037 μg/L

序号	测定项目	方法名称	方法依据	适用范围	采样容器	采样方法	固定剂	保存方法及保存剂用量	保存期	采样量/mL	容器洗涤	检出限
38	2′,3,4,4′,5-五氯联苯	水质 多氯联苯的测定 气相色谱-质谱法	HJ 715—2014	地表水、地下水、工业废水和生活污水	棕色具磨口塞玻璃瓶	水样充满样品瓶	—	0～4℃冷藏，避光保存	7 d 内完成萃取	1 000 或 2 000 或 10 000	—	固相萃取法：1.6ng/L；液液萃取法：2.0ng/L
		水质 样品的保存和管理技术规定	HJ 493—2009	天然水、生活污水及工业废水	硬质玻璃瓶溶剂洗，带聚四氟乙烯瓶盖	不能用水样冲洗采样容器	硫代硫酸钠	尽可能现场萃取。如果样品加氯，采样前 1 000 mL 样加 80 mg 硫代硫酸钠，1～5℃冷藏保存	7 d	1 000	—	—
39	2-氯苯酚	水质 酚类化合物的测定 气相色谱-质谱法	HJ 744—2015	地表水、地下水、生活污水和工业废水	磨口棕色玻璃瓶	采样时，不要用水样预洗采样瓶，水样应充满样品瓶并加盖密封	硫酸溶液：1+1	采样后，用 1+1 硫酸溶液，将水样调节至 pH≤2。0～4℃冷藏，避光保存	在 7 d 内萃取。萃取液在 4℃下避光保存，20 d 内完成分析	—	—	液液萃取法：0.1 μg/L；固相萃取法：0.1 μg/L
		生活饮用水标准检验方法 消毒副产物指标（衍生化气相色谱法）	GB/T 5750.10—2006（12.1）	生活饮用水及其水源水	—	—	浓硫酸、硫酸铜	每升水样中加入 1 mL 硫酸，5 g 硫酸铜，置冷藏保存	—	—	—	0.04 μg/L
		地表水和污水监测技术规范	HJ/T 91—2002	对江河、湖泊、水库和渠道的水质监测	硬质玻璃瓶	—	磷酸+抗坏血酸	用磷酸调至 pH=2，用 0.01～0.02 g 抗坏血酸除去残余氯	24 h	1 000	洗涤剂洗 1 次，自来水洗 3 次，蒸馏水洗 1 次	—

序号	测定项目	方法名称	方法依据	适用范围	采样容器	采样方法	固定剂	保存方法及保存剂用量	保存期	采样量/mL	容器洗涤	检出限
39	2-氯苯酚	水质　样品的保存和管理技术规定	HJ 493—2009	天然水、生活污水及工业废水	硬质玻璃瓶	—	磷酸+抗坏血酸	1～5℃冷藏避光。用磷酸调至 pH≤2，加入 0.01～0.02 g 抗坏血酸除去残余氯	24 h	1 000	洗涤剂洗 1 次，自来水洗 3 次，蒸馏水洗 1 次	—
40	2-氯甲苯	水质　挥发性有机物的测定　吹扫捕集/气相色谱-质谱法	HJ 639—2012	海水、地下水、地表水、生活污水和工业废水	40 mL 棕色玻璃瓶，具硅橡胶-聚四氟乙烯衬垫螺旋盖	水样在样品瓶中溢流而不留空间。取样时应尽量避免或减少样品在空气中暴露。所有样品均采集平行双样，每批样品带一个全程序空白和一个运输空白。采样时不需用样品进行荡洗	抗坏血酸+盐酸	每 40 mL 样品需加入 25 mg 的抗坏血酸；若样品中总余氯的量超过 5 mg/L，总余氯每超过 5 mg/L，需要多加 25 mg 的抗坏血酸。采样时，水样呈中性时向每个样品瓶中加入 0.5 mL 盐酸溶液，拧紧瓶盖；水样呈碱性时应加入适量盐酸溶液使样品 pH≤2，4℃冷藏保存	14 d	40	样品瓶应在采样前用甲醇清洗	全扫描模式（SCAN）：1.0 μg/L；选择离子扫描模式（SIM）：0.4 μg/L
							—	当水样加盐酸溶液后产生大量气泡时，应弃去该样品，重新采集样品。重新采集的样品不应加盐酸溶液，样品标签上应注明未酸化，4℃冷藏保存	24 h			

序号	测定项目	方法名称	方法依据	适用范围	采样容器	采样方法	固定剂	保存方法及保存剂用量	保存期	采样量/mL	容器洗涤	检出限
40	2-氯甲苯	水质 挥发性有机物的测定 顶空/气相色谱-质谱法	HJ 810—2016	地表水、地下水、生活污水、工业废水和海水	40 mL 棕色玻璃瓶，具硅橡胶-聚四氟乙烯衬垫螺旋盖	采集样品时，不宜用水样进行荡洗，应使水样在样品瓶中溢流且不留空间	抗坏血酸+盐酸	若水样中含有余氯，采样前，应向 40 mL 棕色采样瓶中加入 25 mg 的抗坏血酸。若水样中余氯含量超过 5 mg/L，应按比例增加抗坏血酸的加入量，余氯含量每增加 5 mg/L，则应多加入 25 mg 的抗坏血酸。样品采集后，应立即加入适量盐酸溶液，使样品 pH≤2，拧紧瓶盖，0～4℃冷藏，避光和密封保存	14 d	40	—	全扫描模式（SCAN）：3 μg/L；选择离子扫描模式（SIM）：0.5 μg/L
							—	当水样加盐酸溶液后有气泡产生，须重新采样，重新采集的样品不加盐酸溶液保存，样品标签上应注明未酸化	24 h			
		生活饮用水标准检验方法 有机物指标（附录A 吹脱捕集/气相色谱-质谱法测定挥发性有机化合物）	GB/T 5750.8—2006（附录A）	生活饮用水、水源地表水和地下水	40 mL 棕色玻璃瓶附螺旋盖及聚四氟乙烯垫片	采样时，使水样在瓶中溢流出而不流气泡；若从开放的水体中采样，先用 1 L 的广口瓶或烧杯从有代表性的区域中采样，再把水样从广口瓶或烧杯中倒入样品瓶中。所有样品均采集平行样，每批样品要带一个现场空白	盐酸溶液（无余氯样品）；抗坏血酸+盐酸（有余氯样品）	不含余氯的样品和现场空白，每 40 mL 水样中加 4 滴 4 mol/L 的盐酸做固定剂，4℃冷藏保存。含余氯的样品和现场空白，在样品瓶中先加入抗坏血酸（每 40 mL 水样中加 25 mg），待样品瓶中充满水样并溢流后，每 20 mL 样品中加入 1 滴 4 mol/L 盐酸调节样品 pH＜2。0～4℃冷藏保存	14 d	40	—	0.04 μg/L

序号	测定项目	方法名称	方法依据	适用范围	采样容器	采样方法	固定剂	保存方法及保存剂用量	保存期	采样量/mL	容器洗涤	检出限
40	2-氯甲苯	地表水和污水监测技术规范	HJ/T 91—2002	对江河、湖泊、水库和渠道的水质监测	硬质玻璃瓶	—	盐酸+抗坏血酸	用 1+10 盐酸调至 pH=2，加入 0.01～0.02 g 抗坏血酸除去残余氯，0～4℃冷藏，避光保存	12 h	1 000	洗涤剂洗 1 次，自来水洗 3 次，蒸馏水洗 1 次	—
		水质 样品的保存和管理技术规定	HJ 493—2009	天然水、生活污水及工业废水	硬质玻璃瓶	—	盐酸+抗坏血酸	用 1+10 盐酸调至 pH≤2，加入 0.01～0.02 g 抗坏血酸除去残余氯；1～5℃冷藏，避光保存	12 h	1 000	—	—
41	3,3′,4,4′,5,5′-六氯联苯	水质 多氯联苯的测定 气相色谱-质谱法	HJ 715—2014	地表水、地下水、工业废水和生活污水	棕色具磨口塞玻璃瓶	水样充满样品瓶	—	0～4℃冷藏，避光保存	7 d 内完成萃取	1 000 或 2 000 或 10 000	—	固相萃取法：1.6ng/L；液液萃取法：2.2ng/L
		水质 样品的保存和管理技术规定	HJ 493—2009	天然水、生活污水及工业废水	硬质玻璃瓶溶剂洗，带聚四氟乙烯瓶盖	不能用水样冲洗采样容器	硫代硫酸钠	尽可能现场萃取。如果样品加氯，采样前 1 000 mL 样加 80 mg 硫代硫酸钠 1～5℃冷藏保存	7 d	1 000	—	—
42	3,3′,4,4″,5-五氯联苯	水质 多氯联苯的测定 气相色谱-质谱法	HJ 715—2014	地表水、地下水、工业废水和生活污水	棕色具磨口塞玻璃瓶	水样充满样品瓶	—	0～4℃冷藏，避光保存	7 d 内完成萃取	1 000 或 2 000 或 10 000	—	固相萃取法：1.6ng/L；液液萃取法：2.2ng/L
		水质 样品的保存和管理技术规定	HJ 493—2009	天然水、生活污水及工业废水	硬质玻璃瓶溶剂洗，带聚四氟乙烯瓶盖	不能用水样冲洗采样容器	硫代硫酸钠	尽可能现场萃取。如果样品加氯，采样前 1 000 mL 样加 80 mg 硫代硫酸钠 1～5℃冷藏保存	7 d	1 000	—	—
43	3,3′,4,4′-四氯联苯	水质 多氯联苯的测定 气相色谱-质谱法	HJ 715—2014	地表水、地下水、工业废水和生活污水	棕色具磨口塞玻璃瓶	水样充满样品瓶	—	0～4℃冷藏，避光保存	7 d 内完成萃取	1 000 或 2 000 或 10 000	—	固相萃取法：1.9ng/L；液液萃取法：2.2ng/L
		水质 样品的保存和管理技术规定	HJ 493—2009	天然水、生活污水及工业废水	硬质玻璃瓶溶剂洗，带聚四氟乙烯瓶盖	不能用水样冲洗采样容器	硫代硫酸钠	尽可能现场萃取。如果样品加氯，采样前 1 000 mL 样加 80 mg 硫代硫酸钠 1～5℃冷藏保存	7 d	1 000	—	—

序号	测定项目	方法名称	方法依据	适用范围	采样容器	采样方法	固定剂	保存方法及保存剂用量	保存期	采样量/mL	容器洗涤	检出限
44	3,4,4′,5-四氯联苯	水质　多氯联苯的测定　气相色谱-质谱法	HJ 715—2014	地表水、地下水、工业废水和生活污水	棕色具磨口塞玻璃瓶	水样充满样品瓶	—	0～4℃冷藏，避光保存	7 d 内完成萃取	1 000 或 2 000 或 1 0000	—	固相萃取法：1.6ng/L；液液萃取法：2.2ng/L
		水质　样品的保存和管理技术规定	HJ 493—2009	天然水、生活污水及工业废水	硬质玻璃瓶溶剂洗，带聚四氟乙烯瓶盖	不能用水样冲洗采样容器	硫代硫酸钠	尽可能现场萃取。如具样品加氯，采样前 1 000 mL 样加 80 mg 硫代硫酸钠，1～5℃冷藏保存	7 d	1 000	—	—
45	3,4-二硝基甲苯	水质　硝基苯类化合物的测定　气相色谱-质谱法	HJ 716—2014	地表水、地下水、工业废水、生活污水和海水	棕色具聚四氟乙烯衬垫的螺口玻璃瓶	采集样品时，不要用水样预洗采样瓶。水样应充满采样瓶并加盖密封	硫代硫酸钠	若水中有残余氯存在，要在每升水中加入 80 g 硫代硫酸钠除氯。4℃冷藏，避光保存	在 7 d 内完成萃取。40 d 内完成分析	1 000～4 000	—	液液萃取法：0.05 μg/L；固相萃取法：0.04 μg/L
		水质　硝基苯类化合物的测定　液液萃取/固相萃取-气相色谱法	HJ 648—2013	地表水、地下水、工业废水、生活污水和海水	—	—	—	—	—	—	—	液液萃取法：0.018 μg/L；固相萃取法：0.003 4 μg/L
46	4-氯甲苯	水质　挥发性有机物的测定　吹扫捕集/气相色谱-质谱法	HJ 639—2012	海水、地下水、地表水、生活污水和工业废水	40 mL 棕色玻璃瓶，具硅橡胶-聚四氟乙烯衬垫螺旋盖	水样在样品瓶中溢流而不留空间。取样时应尽量避免或减少样品在空气中暴露。所有样品均采集平行双样，每批样品带一个全程序空白和一个运输空白。采样时不需用样品进行荡洗	抗坏血酸+盐酸	每 40 mL 样品需加入 25 mg 的抗坏血酸；若样品中总余氯的量超过 5 mg/L，总余氯每超过 5 mg/L，需要多加 25 mg 的抗坏血酸。采样时，水样呈中性时向每个样品瓶中加入 0.5 mL 盐酸溶液，拧紧瓶盖；水样呈碱性时应加入适量盐酸溶液使样品 pH≤2，4℃冷藏保存	14 d	40	样品瓶应在采样前用甲醇清洗	全扫描模式（SCAN）：0.9 μg/L；选择离子扫描模式（SIM）：0.3 μg/L
							—	当水样加盐酸溶液后产生大量气泡时，应弃去该样品，重新采集样品。重新采集的样品不应加盐酸溶液，样品标签上应注明未酸化，4℃冷藏保存	24 h			

序号	测定项目	方法名称	方法依据	适用范围	采样容器	采样方法	固定剂	保存方法及保存剂用量	保存期	采样量/mL	容器洗涤	检出限
46	4-氯甲苯	水质 挥发性有机物的测定 顶空/气相色谱-质谱法	HJ 810—2016	地表水、地下水、生活污水、工业废水和海水	40 mL 棕色玻璃瓶，具硅橡胶-聚四氟乙烯衬垫螺旋盖	采集样品时，不宜用水样进行荡洗，应使水样在样品瓶中溢流且不留空间	抗坏血酸+盐酸	若水样中含有余氯，采样前，应向 40 mL 棕色采样瓶中加入 25 mg 的抗坏血酸。若水样中余氯含量超过 5 mg/L，应按比例增加抗坏血酸的加入量，余氯含量每增加 5 mg/L，则应多加入 25 mg 的抗坏血酸。样品采集后，应立即加入适量盐酸溶液，使样品 pH≤2，拧紧瓶盖，0～4℃冷藏，避光和密封保存	14 d	40	—	全扫描模式（SCAN）：5 μg/L；选择离子扫描模式（SIM）：1.7 μg/L
							—	当水样加盐酸溶液后有气泡产生，须重新采样，重新采集的样品不加盐酸溶液保存，样品标签上应注明未酸化	24 h			
		生活饮用水标准检验方法 有机物指标（附录 A 吹脱捕集/气相色谱-质谱法测定挥发性有机化合物）	GB/T 5750.8—2006（附录 A）	生活饮用水、水源地表水和地下水	40 mL 棕色玻璃瓶附螺旋盖及聚四氟乙烯垫片	采样时，使水样在瓶中溢流出而不流气泡；若从开放的水体中采样，先用 1 L 的广口瓶或烧杯从有代表性的区域中采样，再把水样从广口瓶或烧杯中倒入样品瓶中。所有样品均采集平行样，每批样品要带一个现场空白	盐酸溶液（无余氯样品）；抗坏血酸+盐酸（有余氯样品）	不含余氯的样品和现场空白，每 40 mL 水样中加 4 滴 4 mol/L 的盐酸做固定剂，4℃冷藏保存。 含余氯的样品和现场空白，在样品瓶中先加入抗坏血酸（每 40 mL 水样中加 25 mg），待样品瓶中充满水样并溢流后，每 20 mL 样品中加入 1 滴 4 mol/L 盐酸调节样品 pH<2。0～4℃冷藏保存	14 d	40	—	0.05 μg/L
		地表水和污水监测技术规范	HJ/T 91—2002	对江河、湖泊、水库和渠道的水质监测	硬质玻璃瓶	—	盐酸+抗坏血酸	用 1+10 盐酸调至 pH=2，加入 0.01～0.02 g 抗坏血酸除去残余氯，0～4℃冷藏，避光保存	12 h	1 000	洗涤剂洗 1 次，自来水洗 3 次，蒸馏水洗 1 次	—

序号	测定项目	方法名称	方法依据	适用范围	采样容器	采样方法	固定剂	保存方法及保存剂用量	保存期	采样量/mL	容器洗涤	检出限
46	4-氯甲苯	水质 样品的保存和管理技术规定	HJ 493—2009	天然水、生活污水及工业废水	硬质玻璃瓶	—	盐酸+抗坏血酸	用 1+10 盐酸调至 pH≤2，加入 0.01～0.02 g 抗坏血酸除去残余氯；1～5℃冷藏，避光保存	12 h	1 000	—	—
47	α-六六六	水质 六六六、滴滴涕的测定 气相色谱法	GB/T 7492—1987	地面水、地下水及部分污水	玻璃细口瓶，具磨口瓶塞	在灌瓶前要把采样瓶用所需采用的水冲洗 2～3 次	—	4℃冷藏保存	7 d	1 000	—	—
		水质 有机氯农药和氯苯类化合物的测定 气相色谱-质谱法	HJ 699—2014	地表水、地下水、生活污水、工业废水和海水	带玻璃塞的棕色磨口瓶或具有聚四氟乙烯衬垫的棕色螺口玻璃瓶	—	盐酸溶液：1+1	用 1+1 盐酸溶液调节 pH＜2，4℃冷藏保存	7 d 内完成萃取；萃取液在 40 d 内完成分析	—	—	液液萃取法：0.056 μg/L；固相萃取法：0.025 μg/L
		生活饮用水标准检验方法 农药指标（毛细管柱气相色谱法）	GB/T 5750.9—2006（1.2）	生活饮用水及其水源水	磨口玻璃瓶	—	—	4℃冷藏保存	—	—	—	0.01 μg/L
		地表水和污水监测技术规范	HJ/T 91—2002	对江河、湖泊、水库和渠道的水质监测	硬质玻璃瓶	—	抗坏血酸	加入抗坏血酸 0.01～0.02 g 除去残余氯，0～4℃冷藏，避光保存	24 h	1 000	洗涤剂洗 1 次，自来水洗 3 次，蒸馏水洗 1 次	—

序号	测定项目	方法名称	方法依据	适用范围	采样容器	采样方法	固定剂	保存方法及保存剂用量	保存期	采样量/mL	容器洗涤	检出限
47	α-六六六	水质　样品的保存和管理技术规定	HJ 493—2009	天然水、生活污水及工业废水	硬质玻璃瓶（带聚四氟乙烯瓶盖）或塑料容器（适用于草甘膦）	不能用水样冲洗采样容器，不能水样充满容器	—	1～5℃冷藏保存	萃取应在采样后24 h内完成萃取5 d	1 000～3 000	—	—
					聚乙烯瓶或硬质玻璃瓶	水样充满容器	硝酸	用硝酸酸化，pH值为1～2；1～5℃冷藏，避光保存	5 d	1 000	—	—
					聚乙烯瓶	—	—	−20℃冷冻	1个月	1 000	—	—
48	β-六六六	水质　六六六、滴滴涕的测定　气相色谱法	GB/T 7492—1987	地面水、地下水及部分污水	玻璃细口瓶，具磨口瓶塞	在灌瓶前要把采样瓶用所需采用的水冲洗2～3次		4℃冷藏保存	7 d	1 000	—	—
		水质　有机氯农药和氯苯类化合物的测定　气相色谱-质谱法	HJ 699—2014	地表水、地下水、生活污水、工业废水和海水	带玻璃塞的棕色磨口瓶或具有聚四氟乙烯衬垫的棕色螺口玻璃瓶	—	盐酸溶液：1+1	用1+1盐酸溶液调节pH＜2，4℃冷藏保存	7 d内完成萃取；萃取液在40 d内完成分析	—	—	液液萃取法：0.037 μg/L；固相萃取法：0.034 μg/L
		生活饮用水标准检验方法　农药指标（毛细管柱气相色谱法）	GB/T 5750.9—2006（1.2）	生活饮用水及其水源水	磨口玻璃瓶	—	—	4℃冷藏保存	—	—	—	0.01 μg/L

序号	测定项目	方法名称	方法依据	适用范围	采样容器	采样方法	固定剂	保存方法及保存剂用量	保存期	采样量/mL	容器洗涤	检出限
48	β-六六六	地表水和污水监测技术规范	HJ/T 91—2002	对江河、湖泊、水库和渠道的水质监测	硬质玻璃瓶	—	抗坏血酸	加入抗坏血酸 0.01～0.02 g 除去残余氯，0～4℃冷藏，避光保存	24 h	1 000	洗涤剂洗 1 次，自来水洗 3 次，蒸馏水洗 1 次	—
		水质 样品的保存和管理技术规定	HJ 493—2009	天然水、生活污水及工业废水	硬质玻璃瓶（带聚四氟乙烯瓶盖）或塑料容器（适用于草甘膦）	不能用水样冲洗采样容器，不能水样充满容器	—	1～5℃冷藏保存	萃取应在采样后 24 h 内完成，萃取液 5 d	1 000～3 000	—	—
					聚乙烯瓶或硬质玻璃瓶	水样充满容器	硝酸	用硝酸酸化，pH 值为 1～2；1～5℃冷藏，避光保存	5 d	1 000		
					聚乙烯瓶	—	—	−20℃冷冻	1 个月	1 000		
49	γ-六六六	水质 六六六、滴滴涕的测定 气相色谱法	GB/T 7492—1987	地面水、地下水及部分污水	玻璃细口瓶，具磨口瓶塞	在灌瓶前要把采样瓶用所需采用的水冲洗 2～3 次	—	4℃冷藏保存	7 d	1 000	—	—

序号	测定项目	方法名称	方法依据	适用范围	采样容器	采样方法	固定剂	保存方法及保存剂用量	保存期	采样量/mL	容器洗涤	检出限
49	γ-六六六	水质 有机氯农药和氯苯类化合物的测定 气相色谱-质谱法	HJ 699—2014	地表水、地下水、生活污水、工业废水和海水	带玻璃塞的棕色磨口瓶或具有聚四氟乙烯衬垫的棕色螺口玻璃瓶	—	盐酸溶液：1+1	用1+1盐酸溶液调节pH<2，4℃冷藏保存	7 d内完成萃取；萃取液在40 d内完成分析	—	—	液液萃取法：0.025 μg/L；固相萃取法：0.022 μg/L
		生活饮用水标准检验方法 农药指标（毛细管柱气相色谱法）	GB/T 5750.9—2006（1.2）	生活饮用水及其水源水	磨口玻璃瓶	—	—	4℃冷藏保存	—	—	—	0.01 μg/L
		地表水和污水监测技术规范	HJ/T 91—2002	对江河、湖泊、水库和渠道的水质监测	硬质玻璃瓶	—	抗坏血酸	加入0.01～0.02 g抗坏血酸除去残余氯，0～4℃冷藏，避光保存	24 h	1 000	洗涤剂洗1次，自来水洗3次，蒸馏水洗1次	—
		水质 样品的保存和管理技术规定	HJ 493—2009	天然水、生活污水及工业废水	硬质玻璃瓶（带聚四氟乙烯瓶盖）或塑料容器（适用于草甘膦）	不能用水样冲洗采样容器，不能水样充满容器	—	1～5℃冷藏保存	萃取应在采样后24 h内完成，萃取液5 d	1 000～3 000	—	—
					聚乙烯瓶或硬质玻璃瓶	水样充满容器	硝酸	用硝酸酸化，pH值为1～2；1～5℃冷藏，避光保存	5 d	1 000		
					聚乙烯瓶	—	—	−20℃冷冻	1个月	1 000		

序号	测定项目	方法名称	方法依据	适用范围	采样容器	采样方法	固定剂	保存方法及保存剂用量	保存期	采样量/mL	容器洗涤	检出限
50	δ-六六六	水质　六六六、滴滴涕的测定　气相色谱法	GB/T 7492—1987	地面水、地下水及部分污水	玻璃细口瓶，具磨口瓶塞	在灌瓶前要把采样瓶用所需采用的水冲洗2～3次	—	4℃冷藏保存	7 d	1 000	—	—
		水质　有机氯农药和氯苯类化合物的测定　气相色谱-质谱法	HJ 699—2014	地表水、地下水、生活污水、工业废水和海水	带玻璃塞的棕色磨口瓶或具有聚四氟乙烯衬垫的棕色螺口玻璃瓶	—	盐酸溶液：1+1	用1+1盐酸溶液调节pH＜2，4℃冷藏保存	7 d内完成萃取；萃取液在40 d内完成分析	—	—	液液萃取法：0.060 μg/L；固相萃取法：0.033 μg/L
		生活饮用水标准检验方法　农药指标（毛细管柱气相色谱法）	GB/T 5750.9—2006(1.2)	生活饮用水及其水源水	磨口玻璃瓶	—	—	4℃冷藏保存	—	—	—	0.01 μg/L
		地表水和污水监测技术规范	HJ/T 91—2002	对江河、湖泊、水库和渠道的水质监测	硬质玻璃瓶	—	抗坏血酸	加入0.01～0.02 g抗坏血酸除去残余氯，0～4℃冷藏，避光保存	24 h	1 000	洗涤剂洗1次，自来水洗3次，蒸馏水洗1次	—
		水质　样品的保存和管理技术规定	HJ 493—2009	天然水、生活污水及工业废水	硬质玻璃瓶（带聚四氟乙烯瓶盖）或塑料容器（适用于草甘膦）	不能用水样冲洗采样容器，不能水样充满容器	—	1～5℃冷藏保存	萃取应在采样后24 h内完成，萃取液5 d	1 000～3 000	—	—
					聚乙烯瓶或硬质玻璃瓶	水样充满容器	硝酸	用硝酸酸化，pH值为1～2；1～5℃冷藏，避光保存	5 d	1 000		
					聚乙烯瓶	—	—	−20℃冷冻	30 d	1 000		

序号	测定项目	方法名称	方法依据	适用范围	采样容器	采样方法	固定剂	保存方法及保存剂用量	保存期	采样量/mL	容器洗涤	检出限
51	阿特拉津	水质 阿特拉津的测定 高效液相色谱法	HJ 587—2010	地表水、地下水	棕色玻璃瓶	水样应充满样品瓶并加盖密封	—	4℃冷藏，避光保存	在7 d内萃取	—	—	0.08 mg/L
		水质 阿特拉津的测定 气相色谱法	HJ 754—2015	地表水、地下水、生活污水和工业废水	硬质磨口玻璃瓶或具有聚四氟乙烯材质盖垫的螺纹口玻璃瓶	样品应充满瓶子，并加盖瓶子	—	4℃冷藏，避光保存	在7 d内萃取	500	—	0.2 mg/L
52	氨基甲酸酯类农药	水质 氨基甲酸酯类农药的测定 超高效液相色谱-三重四级杆质谱法	HJ 827—2017	地表水、地下水、生活污水和工业废水	磨口棕色玻璃瓶	采样瓶要完全注满不留气泡	硫酸溶液：1+1或氢氧化钠溶液：0.4 g/mL	用1+1硫酸或0.4 g/mL氢氧化钠调节水样为中性，水样0～4℃冷藏，避光保存	7 d内完成分析	250	—	直接进样法：0.1～2 μg/L；固相萃取法：0.002～0.031 μg/L
53	百草枯	水质 百草枯和杀草快的测定 固相萃取-高效液相色谱法	HJ 914—2017	地表水、地下水和废水	聚氯乙烯或聚丙烯材质	—	硫酸溶液：1+1；硫代硫酸钠（有余氯样品）	当水样pH>9时，应用1+1硫酸溶液调节水样pH至中性，当水样中含余氯时，需加入硫代硫酸钠，每升水加入0.1 g。0～4℃冷藏，避光保存	7 d内完成萃取，萃取后21 d内完成分析	—	—	0.3 μg/L
54	百菌清	水质 百菌清和溴氰菊酯的测定 气相色谱法	HJ 698—2014	地表水、地下水、工业废水和生活污水	硬质磨口玻璃瓶或具有特氟龙材质隔垫的棕色螺纹口玻璃瓶	—	—	2～5℃冷藏保存	7 d内完成萃取；萃取液可保存40 d	—	—	0.07 μg/L

序号	测定项目	方法名称	方法依据	适用范围	采样容器	采样方法	固定剂	保存方法及保存剂用量	保存期	采样量/mL	容器洗涤	检出限
54	百菌清	水质 百菌清及拟除虫菊酯类农药的测定 气相色谱-质谱法	HJ 753—2015	地表水、地下水、工业废水和生活污水	具磨口塞的棕色玻璃细口瓶	—	—	4℃冷藏保存	7 d 内完成萃取	1 000 或 2 000	—	液液萃取法：0.005 μg/L；固相萃取法：0.008 μg/L
		生活饮用水标准检验方法 农药指标（气相色谱法）	GB/T 5750.9—2006（9.1）	生活饮用水及其水源水	磨口玻璃瓶	—	—	—	—	—	—	0.4 mg/L
		地表水和污水监测技术规范	HJ/T 91—2002	对江河、湖泊、水库和渠道的水质监测	硬质玻璃瓶	—	抗坏血酸	加入 0.01～0.02 g 抗坏血酸除去残余氯，0～4℃冷藏，避光保存	24 h	1 000	洗涤剂洗 1 次，自来水洗 3 次，蒸馏水洗 1 次	—
		水质 样品的保存和管理技术规定	HJ 493—2009	天然水、生活污水及工业废水	硬质玻璃瓶（带聚四氟乙烯瓶盖）	不能用水样冲洗采样容器，不能水样充满容器	—	1～5℃冷藏保存	萃取应在采样后 24 h 内完成；萃取液 5 d	1 000～3 000	—	—
55	苯	水质 苯系物的测定 气相色谱法	GB/T 11890—1989	工业废水及地表水	玻璃容器	样品应充满瓶子，并加盖瓶子	—	4℃冷藏保存	14 d	—	—	0.05 mg/L
		水质 挥发性有机物的测定 吹扫捕集/气相色谱法	HJ 686—2014	地表水、地下水、生活污水和工业废水	棕色玻璃瓶，螺旋盖（带聚四氟乙烯涂层密封垫）	所有样品均采集平行双样，每批样品带一个全程序空白和一个运输空白，样品采集时不需用水样荡洗	盐酸溶液（无余氯样品）；抗坏血酸+盐酸（有余氯样品）	无余氯样品：0.5 mL 盐酸溶液，4℃冷藏保存；有余氯样品：加入约 25 mg 抗坏血酸，再加 0.5 mL 盐酸溶液，4℃冷藏保存	14 d	40	—	0.5 μg/L

序号	测定项目	方法名称	方法依据	适用范围	采样容器	采样方法	固定剂	保存方法及保存剂用量	保存期	采样量/mL	容器洗涤	检出限
55	苯	水质　挥发性有机物的测定　吹扫捕集/气相色谱-质谱法	HJ 639—2012	海水、地下水、地表水、生活污水和工业废水	40 mL 棕色玻璃瓶，具硅橡胶-聚四氟乙烯衬垫螺旋盖	水样在样品瓶中溢流而不留空间。取样时应尽量避免或减少样品在空气中暴露。所有样品均采集平行双样，每批样品带一个全程序空白和一个运输空白。采样时不需用样品进行荡洗	抗坏血酸+盐酸	加入 25 mg 的抗坏血酸；若样品中总余氯的量超过 5 mg/L，总余氯每超过 5 mg/L，需要多加 25 mg 的抗坏血酸。采样时，水样呈中性时向每个样品瓶中加入 0.5 mL 盐酸溶液，拧紧瓶盖；水样呈碱性时应加入适量盐酸溶液使样品 pH≤2，4℃冷藏保存	14 d	40	样品瓶应在采样前用甲醇清洗	全扫描模式（SCAN）：1.4 μg/L；选择离子扫描模式（SIM）：0.4 μg/L
							—	当水样加盐酸溶液后产生大量气泡时，应弃去该样品，重新采集样品。重新采集的样品，标签上应注明未酸化，4℃冷藏保存	24 h			
		水质　挥发性有机物的测定　顶空/气相色谱-质谱法	HJ 810—2016	地表水、地下水、生活污水、工业废水和海水	40 mL 棕色玻璃瓶，具硅橡胶-聚四氟乙烯衬垫螺旋盖	采集样品时，不宜用水样进行荡洗，应使水样在样品瓶中溢流且不留空间	抗坏血酸+盐酸	若水样中含有余氯，采样前，应向 40 mL 棕色采样瓶中加入 25 mg 的抗坏血酸。若水样中余氯含量超过 5 mg/L，应按比例增加抗坏血酸的加入量，余氯含量每增加 5 mg/L，则应多加入 25 mg 的抗坏血酸。样品采集后，应立即加入适量盐酸溶液，使样品 pH≤2，拧紧瓶盖，0～4℃冷藏，避光和密封保存	14 d	40	—	全扫描模式（SCAN）：3 μg/L；选择离子扫描模式（SIM）：0.8 μg/L
							—	当水样加盐酸溶液后有气泡产生，须重新采样，重新采集的样品不加盐酸溶液保存，样品标签上应注明未酸化	24 h			

序号	测定项目	方法名称	方法依据	适用范围	采样容器	采样方法	固定剂	保存方法及保存剂用量	保存期	采样量/mL	容器洗涤	检出限
55	苯	生活饮用水标准检验方法 有机物指标（溶剂萃取-填充柱气相色谱法）	GB/T 5750.8—2006（18.1）	测定生活饮用水及其水源	磨口玻璃瓶	—	—	冷藏保存	—	—	—	—
		生活饮用水标准检验方法 有机物指标（溶剂萃取-毛细管柱气相色谱法）	GB/T 5750.8—2006（18.2）	测定生活饮用水及其水源	磨口玻璃瓶	—	—	冷藏保存	—	—	—	0.005 mg/L
		生活饮用水标准检验方法 有机物指标（顶空-填充柱气相色谱法）	GB/T 5750.8—2006（18.3）	测定生活饮用水及其水源	顶空瓶	采集水样至充满瓶，用包有铝箔（或聚四氟乙烯膜）的翻口胶塞封好	—	冷藏中保存	—	100	—	0.42 μg/L
		生活饮用水标准检验方法 有机物指标（顶空-毛细管柱气相色谱法）	GB/T 5750.8—2006（18.4）	测定生活饮用水及其水源	有聚四氟膜的硅橡胶垫和塑料螺旋帽密封，使用前在120℃烘烤 2 h	采集水样至充满瓶	—	密封冷藏保存	—	40	—	0.7 μg/L
		地表水和污水监测技术规范	HJ/T 91—2002	对江河、湖泊、水库和渠道的水质监测	硬质玻璃瓶	—	盐酸+抗坏血酸	用 1+10 盐酸调至 pH=2，加入 0.01～0.02 g 抗坏血酸除去残余氯，0～4℃冷藏，避光保存	12 h	1 000	洗涤剂洗 1 次，自来水洗 3 次，蒸馏水洗 1 次	—
		水质 样品的保存和管理技术规定	HJ 493—2009	天然水、生活污水及工业废水	硬质玻璃瓶	—	盐酸+抗坏血酸	用 1+10 盐酸调至 pH≤2，加入 0.01～0.02 g 抗坏血酸除去残余氯；1～5℃冷藏，避光保存	12 h	1 000	—	—

序号	测定项目	方法名称	方法依据	适用范围	采样容器	采样方法	固定剂	保存方法及保存剂用量	保存期	采样量/mL	容器洗涤	检出限
56	苯胺	水质　苯胺类化合物的测定　气相色谱-质谱法	HJ 822—2017	地表水、地下水、海水、生活污水和工业废水	带聚四氟乙烯内衬垫瓶盖的棕色玻璃瓶	水样充满样品瓶，不留空隙	氢氧化钠溶液：10 mol/L或硫酸溶液：1+1；硫代硫酸钠（有余氯样品）	调节 pH 值为 6～8，4℃冷藏保存；水样中有余氯，每 1 000 mL 样品中加入 80 mg 硫代硫酸钠	7 d 内萃取；萃取液在 40 d 内完成分析	1 000	—	0.057 μg/L
		生活饮用水标准检验方法 有机物指标（气相色谱法）	GB/T 5750.8—2006（37.1）	生活饮用水及其水源水	—	—	—	—	—	—	—	20 μg/L
57	苯胺类	水质　苯胺类化合物的测定　*N*-（1-萘基）乙二胺偶氮分光光度法	GB/T 11889—1989	地面水、染料、制药等废水中芳香族伯胺类化合物	硬质玻璃瓶	—	—	4℃冷藏保存	常温保存不得超过 24 h；4℃下保存不得超过 14 d	500	—	0.03 mg/L
58	苯胺类化合物	水质　苯胺类化合物的测定　气相色谱-质谱法	HJ 822—2017	地表水、地下水、海水、生活污水和工业废水	带聚四氟乙烯内衬垫瓶盖的棕色玻璃瓶	水样充满样品瓶，不留空隙	氢氧化钠溶液：10 mol/L或硫酸溶液 1+1；硫代硫酸钠（有余氯样品）	调节 pH 值为 6～8，4℃冷藏保存；水样中有余氯，每 1 000 mL 样品中加入 80 mg 硫代硫酸钠 7 d 内萃取；萃取液在 40 d 内完成分析	40 d	1 000	—	0.05～0.09 μg/L

序号	测定项目	方法名称	方法依据	适用范围	采样容器	采样方法	固定剂	保存方法及保存剂用量	保存期	采样量/mL	容器洗涤	检出限
59	苯并[*a*]芘	水质　多环芳烃的测定　液液萃取和固相萃取高效液相色谱法	HJ 478—2009	饮用水、地下水、地表水、海水、工业废水及生活污水	具磨口塞的棕色玻璃细口瓶	采样前不能用水样预洗采样瓶，采样瓶要完全注满，不留气泡	硫代硫酸钠（有余氯样品）	若水中有残余氯存在，要在每升水中加入 80 g 硫代硫酸钠除氯。4℃冷藏，避光保存	在 7 d 内萃取。萃取后的样品应避光于 4℃以下冷藏，在 40 d 内分析完毕	1 000 或 2 000	—	荧光检测器：0.004 μg/L；紫外检测器：0.004 μg/L
		水质　苯并[*a*]芘的测定　乙酰化滤纸层析荧光光度法	GB 11895—1989	饮用水、地面水、生活污水、工业废水	玻璃瓶	—	—	避光，冷藏保存	24 h 内萃取	—	—	0.004 μg/L
		水质　样品的保存和管理技术规定	HJ 493—2009	天然水、生活污水及工业废水	硬质玻璃瓶溶剂洗，带聚四氟乙烯瓶盖	尽可能现场萃取。如果样品加氯，采样前 1 000 mL 样加 80 mg 硫代硫酸钠	—	1～5℃冷藏保存	7 d	500	—	—

序号	测定项目	方法名称	方法依据	适用范围	采样容器	采样方法	固定剂	保存方法及保存剂用量	保存期	采样量/mL	容器洗涤	检出限
60	苯并[b]荧蒽	水质　多环芳烃的测定　液液萃取和固相萃取高效液相色谱法	HJ 478—2009	饮用水、地下水、地表水、海水、工业废水及生活污水	具磨口塞的棕色玻璃细口瓶	采样前不能用水样预洗采样瓶，采样瓶要完全注满，不留气泡	硫代硫酸钠（有余氯样品）	若水中有残余氯存在，要在每升水中加入 80 g 硫代硫酸钠除氯。4℃冷藏，避光保存	在 7 d 内萃取。萃取后的样品应避光于 0～4℃冷藏，在 40 d 内分析完毕	1 000 或 2 000	—	荧光检测器：0.003 μg/L；紫外检测器：0.004 μg/L
		水质　样品的保存和管理技术规定	HJ 493—2009	天然水、生活污水及工业废水	硬质玻璃瓶溶剂洗，带聚四氟乙烯瓶盖	尽可能现场萃取。如果样品加氯，采样前 1 000 mL 样加 80 mg 硫代硫酸钠	—	1～5℃冷藏保存	7 d	500	—	—
61	苯酚	水质　酚类化合物的测定　液液萃取/气相色谱法	HJ 676—2013	地表水、地下水、生活污水和工业废水	棕色硬质玻璃瓶	采样时，不要用水样预洗采样瓶，水样应充满样品瓶并加盖密封	盐酸溶液：1+3	采样后，加入适量盐酸溶液将水样调节至 pH＜2。0～4℃冷藏，避光保存	在 7 d 内萃取。萃取液在 4℃下避光保存，20 d 内完成分析	1 000	—	0.5 μg/L

序号	测定项目	方法名称	方法依据	适用范围	采样容器	采样方法	固定剂	保存方法及保存剂用量	保存期	采样量/mL	容器洗涤	检出限
61	苯酚	水质　酚类化合物的测定　气相色谱-质谱法	HJ 744—2015	地表水、地下水、生活污水和工业废水	磨口棕色玻璃瓶	采样时，不要用水样预洗采样瓶，水样应充满样品瓶并加盖密封	硫酸溶液：1+1	采样后，用 1+1 硫酸溶液，将水样调节至 pH≤2。0～4℃冷藏，避光保存	在 7 d 内萃取。萃取液在 4℃下避光保存，20 d 内完成分析	—	—	液液萃取法：0.1 μg/L；固相萃取法：0.1 μg/L
		地表水和污水监测技术规范	HJ/T 91—2002	对江河、湖泊、水库和渠道的水质监测	硬质玻璃瓶	—	磷酸+抗坏血酸	用磷酸调至 pH=2，用 0.01～0.02 g 抗坏血酸除去残余氯	24 h	1 000	洗涤剂洗 1 次，自来水洗 3 次，蒸馏水洗 1 次	—
		水质　样品的保存和管理技术规定	HJ 493—2009	天然水、生活污水及工业废水	硬质玻璃瓶	—	磷酸+抗坏血酸	1～5℃冷藏，避光保存。用磷酸调至 pH≤2，加入 0.01～0.02 g 抗坏血酸除去残余氯	24 h	1 000	洗涤剂洗 1 次，自来水洗 3 次，蒸馏水洗 1 次	—
62	苯氧羧酸类除草剂	水质　苯氧羧酸类除草剂的测定　液相色谱/串联质谱法	HJ 770—2015	地表水、地下水和废水	磨口棕色玻璃瓶	水样满瓶采集	—	0～4℃冷藏，避光保存	3 d 内完成分析	250	—	直接进样：0.3～0.5 μg/L；固相萃取：0.006～0.009 μg/L
63	苯乙烯	水质　苯系物的测定　气相色谱法	GB/T 11890—1989	工业废水及地表水	玻璃容器	样品应充满瓶子，并加盖瓶子	—	应尽快分析，如不能及时分析，在 4℃冷藏保存	14 d	—	—	0.05 mg/L

序号	测定项目	方法名称	方法依据	适用范围	采样容器	采样方法	固定剂	保存方法及保存剂用量	保存期	采样量/mL	容器洗涤	检出限
63	苯乙烯	水质 挥发性有机物的测定 吹扫捕集/气相色谱法	HJ 686—2014	地表水、地下水、生活污水和工业废水中挥发性有机物的测定	棕色玻璃瓶，螺旋盖（带聚四氟乙烯涂层密封垫）	所有样品均采集平行双样，每批样品带一个全程序空白和一个运输空白，样品采集时不需用水样荡洗	盐酸溶液（无余氯样品）；抗坏血酸+盐酸（有余氯样品）	无余氯样品：0.5 mL 盐酸溶液，4℃冷藏保存；有余氯样品：加入约 25 mg 抗坏血酸，再加 0.5 mL 盐酸溶液，4℃冷藏保存	14 d	40	—	0.5 μg/L
		水质 挥发性有机物的测定 吹扫捕集/气相色谱-质谱法	HJ 639—2012	海水、地下水、地表水、生活污水和工业废水	40 mL 棕色玻璃瓶，具硅橡胶-聚四氟乙烯衬垫螺旋盖	水样在样品瓶中溢流而不留空间。取样时应尽量避免或减少样品在空气中暴露。所有样品均采集平行双样，每批样品带一个全程序空白和一个运输空白。采样时不需用样品进行荡洗	抗坏血酸+盐酸	每 40 mL 样品需加入 25 mg 的抗坏血酸；若样品中总余氯的量超过 5 mg/L，总余氯每超过 5 mg/L，需要多加 25 mg 的抗坏血酸。采样时，水样呈中性时向每个样品瓶中加入 0.5 mL 盐酸溶液，拧紧瓶盖；水样呈碱性时应加入适量盐酸溶液使样品 pH≤2，4℃冷藏保存	14 d	40	样品瓶应在采样前用甲醇清洗	全扫描模式（SCAN）：0.6 μg/L；选择离子扫描模式（SIM）：0.2 μg/L
							—	当水样加盐酸溶液后产生大量气泡时，应弃去该样品，重新采集样品。重新采集的样品不应加盐酸溶液，样品标签上应注明未酸化，4℃冷藏保存	24 h			

序号	测定项目	方法名称	方法依据	适用范围	采样容器	采样方法	固定剂	保存方法及保存剂用量	保存期	采样量/mL	容器洗涤	检出限
63	苯乙烯	水质 挥发性有机物的测定 顶空/气相色谱-质谱法	HJ 810—2016	地表水、地下水、生活污水、工业废水和海水	40 mL 棕色玻璃瓶，具硅橡胶-聚四氟乙烯衬垫螺旋盖	采集样品时，不宜用水样进行荡洗，应使水样在样品瓶中溢流且不留空间	抗坏血酸+盐酸	若水样中含有余氯，采样前，应向 40 mL 棕色采样瓶中加入 25 mg 的抗坏血酸。若水样中余氯含量超过 5 mg/L，应按比例增加抗坏血酸的加入量，余氯含量每增加 5 mg/L，则应多加入 25 mg 的抗坏血酸。样品采集后，应立即加入适量盐酸溶液，使样品 pH≤2，拧紧瓶盖，0～4℃冷藏，避光和密封保存	14 d	40	—	全扫描模式（SCAN）：5 μg/L；选择离子扫描模式（SIM）：0.8 μg/L
							—	当水样加盐酸溶液后有气泡产生，须重新采样，重新采集的样品不加盐酸溶液保存，样品标签上应注明未酸化	24 h			
		生活饮用水标准检验方法 有机物指标（溶剂萃取-填充柱气相色谱法）	GB/T 5750.8—2006（18.1）	测定生活饮用水及其水源水	磨口玻璃瓶	—	—	冷藏保存	—	—	—	0.01 mg/L
		生活饮用水标准检验方法 有机物指标（溶剂萃取-毛细管柱气相色谱法）	GB/T 5750.8—2006（18.2）	测定生活饮用水及其水源水	磨口玻璃瓶	—	—	冷藏保存	—	—	—	0.006 mg/L

序号	测定项目	方法名称	方法依据	适用范围	采样容器	采样方法	固定剂	保存方法及保存剂用量	保存期	采样量/mL	容器洗涤	检出限
63	苯乙烯	生活饮用水标准检验方法 有机物指标（顶空-毛细管柱气相色谱法）	GB/T 5750.8—2006（18.4）	测定生活饮用水及其水源水	顶空瓶：有聚四氟膜的硅橡胶垫和塑料螺旋帽密封，使用前在120℃烘烤2 h	采集水样至充满瓶	—	密封冷藏保存	—	40	—	2 μg/L
		生活饮用水标准检验方法 有机物指标（附录A 吹脱捕集/气相色谱-质谱法测定挥发性有机化合物）	GB/T 5750.8—2006（附录A）	生活饮用水、水源地表水和地下水	40 mL 棕色玻璃瓶附螺旋盖及聚四氟乙烯垫片	水样在瓶中溢流出而不流气泡；若从开放的水体中采样，先用1 L的广口瓶或烧杯从有代表性的区域中采样，再把水样从广口瓶或烧杯中倒入样品瓶中。所有样品均采集平行样，每批样品要带一个现场空白	盐酸溶液（无余氯样品）；抗坏血酸+盐酸（有余氯样品）	不含余氯的样品和现场空白，每40 mL水样中加4滴4 mol/L的盐酸做固定剂，4℃冷藏保存。含余氯的样品和现场空白，在样品瓶中先加入抗坏血酸（每40 mL水样中加25 mg），待样品瓶中充满水样并溢流后，每20 mL样品中加入1滴4 mol/L盐酸调节样品pH＜2，4℃冷藏保存	14 d	40	—	0.04 μg/L
		地表水和污水监测技术规范	HJ/T 91—2002	对江河、湖泊、水库和渠道的水质监测	硬质玻璃瓶	—	盐酸+抗坏血酸	用1+10盐酸调至pH=2，加入0.01～0.02 g抗坏血酸除去残余氯，0～4℃冷藏，避光保存	12 h	1 000		—
		水质 样品的保存和管理技术规定	HJ 493—2009	天然水、生活污水及工业废水	硬质玻璃瓶	—	盐酸+抗坏血酸	用1+10盐酸调至pH≤2，加入0.01～0.02 g抗坏血酸除去残余氯；1～5℃冷藏，避光保存	12 h	1 000	—	—
64	吡啶	生活饮用水标准检验方法 有机物指标（巴比妥酸分光光度法）	GB/T 5750.8—2006（41.1）	生活饮用水及其水源水	—	—	—	—	—	—	—	0.05 mg/L

序号	测定项目	方法名称	方法依据	适用范围	采样容器	采样方法	固定剂	保存方法及保存剂用量	保存期	采样量/mL	容器洗涤	检出限
65	丙酮	水质　甲醇和丙酮的测定顶空/气相色谱法	HJ 895—2017	地表水、地下水、工业废水、生活污水和海水	40 mL 棕色玻璃瓶，具硅橡胶-聚四氟乙烯衬垫螺旋盖	采集样品时，不得用样品进行荡洗，应使样品在采样瓶中溢流且不留空间，取样时应尽量避免或减少样品在空气中暴露。所有样品瓶均采集平行双样	抗坏血酸（有余氯样品）	样品中含有余氯，采样前，应向采样瓶中加 25 mg 抗坏血酸。若余氯含量超过 5 mg/L，余氯含量每增加 5 mg/L，应多加入 25 mg 抗坏血酸。样品采集后立即加入适量 1+1 盐酸，使样品 pH≤2，0～4℃冷藏、避光和密封保存	14 d	40	—	0.02 mg/L
66	丙烯腈	水质　丙烯腈和丙烯醛的测定　吹扫捕集/气相色谱法	HJ 806—2016	地表水、地下水、海水、工业废水和生活污水	棕色玻璃样品瓶，具硅橡胶-聚四氟乙烯衬垫螺旋盖	采集样品时，应使水样在样品瓶中溢流而不留气泡	抗坏血酸、磷酸溶液：1+9	加入数滴 1+9 磷酸溶液固定，使样品的 pH 值为 4～5，拧紧瓶盖。每份样品应采集平行双样，每批样品至少带一个全程序空白。0～4℃冷藏、避光和密封保存	5 d 内完成分析	40	—	0.003 mg/L
		生活饮用水标准检验方法　有机物指标（气相色谱法）	GB/T 5750.8—2006（15.1）	生活饮用水及其水源水	磨口玻璃瓶	—	—	4℃冷藏保存	—	—	—	0.025 mg/L
67	丙烯醛	水质　丙烯腈和丙烯醛的测定　吹扫捕集/气相色谱法	HJ 806—2016	地表水、地下水、海水、工业废水和生活污水	棕色玻璃样品瓶，具硅橡胶-聚四氟乙烯衬垫螺旋盖	采集样品时，应使水样在样品瓶中溢流而不留气泡	抗坏血酸、磷酸溶液：1+9	加入数滴 1+9 磷酸溶液固定，使样品的 pH 值为 4～5，拧紧瓶盖。每份样品应采集平行双样，每批样品至少带一个全程序空白。0～4℃冷藏、避光和密封保存	5 d 内完成分析	40	—	0.003 mg/L
		生活饮用水标准检验方法　有机物指标（气相色谱法）	GB/T 5750.8—2006（16.1）见（GB/T 5750.10—2006 7.1）	生活饮用水及其水源水	磨口塞玻璃瓶	—	—	—	—	—	—	0.02 mg/L

序号	测定项目	方法名称	方法依据	适用范围	采样容器	采样方法	固定剂	保存方法及保存剂用量	保存期	采样量/mL	容器洗涤	检出限
68	丙烯酰胺	水质 丙烯酰胺的测定 气相色谱法	HJ 697—2014	地表水、地下水、工业废水和生活污水	硬质磨口玻璃瓶或具有特氟龙材质隔垫的棕色螺纹口玻璃瓶	—	—	2～5℃冷藏保存	7 d 内完成萃取；萃取液可保存 30 d	250	—	0.07 mg/L
		生活饮用水标准检验方法 有机物指标（气相色谱法）	GB/T 5750.8—2006（10.1）	生活饮用水及其水源水	磨口玻璃瓶	—	—	—	采集后进行溴化、萃取液放冰箱内可保存 7 d	—	—	0.05 mg/L
69	草甘膦	生活饮用水标准检验方法 农药指标（高压液相色谱法）	GB/T 5750.9—2006（18.1）	生活饮用水及其水源水	聚丙烯容器	—	硫代硫酸钠	4℃冷藏，避光保存	14 d	—	—	25 μg/L
70	滴滴涕	水质 六六六、滴滴涕的测定 气相色谱法	GB/T 7492—1987	地面水、地下水及部分污水	玻璃细口瓶，具磨口瓶塞	在灌瓶前要把采样瓶用所需采用的水冲洗 2～3 次	—	4℃冷藏保存	不多于 7 d	1 000	—	—
		水质 有机氯农药和氯苯类化合物的测定 气相色谱-质谱法	HJ 699—2014	地表水、地下水、生活污水、工业废水和海水	带玻璃塞的棕色磨口瓶或具有聚四氟乙烯衬垫的棕色螺口玻璃瓶	—	盐酸溶液：1+1	样品采集后立即用 1+1 盐酸溶液调节 pH<2，4℃冷藏保存 7 d 内完成萃取；萃取液在 40 d 内完成分析	40 d	—	—	液液萃取法：0.036～0.048 μg/L；固相萃取法：0.025～0.028 μg/L
		生活饮用水标准检验方法 农药指标（填充柱气相色谱法）	GB/T 5750.9—2006（1.1）	生活饮用水及其水源水	磨口玻璃瓶	—	—	4℃冷藏保存	—	—	—	0.03 μg/L
		生活饮用水标准检验方法 农药指标（毛细管柱气相色谱法）	GB/T 5750.9—2006（1.2）	生活饮用水及其水源水	磨口玻璃瓶	—	—	4℃冷藏保存	—	—	—	0.02 μg/L

序号	测定项目	方法名称	方法依据	适用范围	采样容器	采样方法	固定剂	保存方法及保存剂用量	保存期	采样量/mL	容器洗涤	检出限
71	敌百虫	水质　有机磷农药的测定气相色谱法	GB/T 13192—1991	地面水、地下水及工业废水	玻璃磨口瓶	在采样前用水样将取样瓶冲洗 2～3 次	—	弱酸性状态下保存	—	1 000	—	3.4×10^{-10} g
		地表水和污水监测技术规范	HJ/T 91—2002	对江河、湖泊、水库和渠道的水质监测	硬质玻璃瓶	—	抗坏血酸	加入 0.01～0.02 g 抗坏血酸除去残余氯，0～4℃冷藏，避光保存	24 h	1 000	洗涤剂洗 1 次，自来水洗 3 次，蒸馏水洗 1 次	—
		水质　样品的保存和管理技术规定	HJ 493—2009	天然水、生活污水及工业废水	硬质玻璃瓶（带聚四氟乙烯瓶盖）或塑料容器（适用于草甘膦）	不能用水样冲洗采样容器，不能水样充满容器	—	1～5℃冷藏保存	应在采样后 24 h 内完成萃取，萃取液保存 5 d	1 000～3 000	—	—
72	敌敌畏	水质　有机磷农药的测定气相色谱法	GB/T 13192—1991	地面水、地下水及工业废水	玻璃磨口瓶	在采样前用水样将取样瓶冲洗 2～3 次	—	弱酸性状态下保存	—	1 000	—	4.0×10^{-10} g
		生活饮用水标准检验方法 农药指标（填充柱气相色谱法）	GB/T 5750.9—2006(4.1)	生活饮用水、水源水	硬质磨口玻璃瓶	—	—	冷藏保存	24 h	—	—	2.5 μg/L
		生活饮用水标准检验方法 农药指标（毛细管柱气相色谱法）	GB/T 5750.9—2006(4.2)	生活饮用水、水源水	硬质磨口玻璃瓶	—	—	冷藏保存	24 h	—	—	0.005 μg/L

序号	测定项目	方法名称	方法依据	适用范围	采样容器	采样方法	固定剂	保存方法及保存剂用量	保存期	采样量/mL	容器洗涤	检出限
72	敌敌畏	地表水和污水监测技术规范	HJ/T 91—2002	对江河、湖泊、水库和渠道的水质监测	硬质玻璃瓶	—	抗坏血酸	加入 0.01～0.02 g 抗坏血酸除去残余氯，0～4℃冷藏，避光保存	24 h	1 000	洗涤剂洗 1 次，自来水洗 3 次，蒸馏水洗 1 次	—
		水质　样品的保存和管理技术规定	HJ 493—2009	天然水、生活污水及工业废水	硬质玻璃瓶（带聚四氟乙烯瓶盖）或塑料容器（适用于草甘膦）	不能用水样冲洗采样容器，不能水样充满容器	—	1～5℃冷藏保存	应在采样后 24 h 内完成萃取，萃取液保存 5 d	1 000～3 000	—	—
73	丁基黄原酸	水质　丁基黄原酸的测定　吹扫捕集/气相色谱-质谱法	HJ 896—2017	地表水、地下水、生活污水和工业废水	40 mL 棕色玻璃瓶，螺旋盖具聚四氟乙烯涂层的密封垫	采集样品时，将样品缓慢导入样品瓶	氢氧化钠；硫代硫酸钠（若不能及时分析时）	接近满瓶时，加入氢氧化钠溶液（40 g/L），使样品 pH 在 10 左右，最后加满密封。4℃冷藏，避光保存。若不能及时分析，应加 5～20 mg 硫代硫酸钠，4℃冷藏，避光保存	14 d	40	—	0.04 μg/L
		水质　丁基黄原酸的测定　紫外分光光度法	HJ 756—2015	地表水、地下水、生活污水和工业废水	棕色玻璃瓶	—	盐酸溶液：0.01 mol/L 或氢氧化钠溶液：0.01 mol/L	将水样 pH 调至中性，4℃左右冷藏保存	3 d	—	使用的所有玻璃器皿应使用清洗溶液和实验用水清洗	0.004 mg/L
		水质 丁基黄原酸的测定 液相色谱-三重四极杆串联质谱法	HJ 1002—2018	地表水、地下水、生活污水和工业废水	棕色玻璃瓶，螺旋盖（具聚四氟乙烯涂层的密封垫）	将样品缓慢倒入采样瓶至满瓶，混匀	氨水溶液：1+1 或甲酸溶液：1+1	用 1+1 氨水溶液或 1+1 甲酸溶液调节样品 pH 为 9～10。于 0～4℃冷藏，避光保存	48 h	40	—	0.2 mg/L

序号	测定项目	方法名称	方法依据	适用范围	采样容器	采样方法	固定剂	保存方法及保存剂用量	保存期	采样量/mL	容器洗涤	检出限
73	丁基黄原酸	生活饮用水标准检验方法 有机物指标（铜试剂亚铜分光光度法）	GB/T 5750.8—2006（43.1）	生活饮用水及其水源水	—	—	氢氧化钠溶液：4 g/L 或盐酸	用 4 g/L 氢氧化钠或盐酸调 pH 至 5～6	—	—	—	2 mg/L
74	毒死蜱	生活饮用水标准检验方法 农药指标（气相色谱法）	GB/T 5750.9—2006（16.1）	生活饮用水及其水源水	硬质磨口玻璃瓶	—	—	冷藏保存	—	—	—	2 μg/L
75	对-二硝基苯	水质 硝基苯类化合物的测定 气相色谱-质谱法	HJ 716—2014	地表水、地下水、工业废水、生活污水和海水	棕色具聚四氟乙烯衬垫的螺口玻璃瓶	采集样品时，不要用水样预洗采样瓶。水样应充满采样瓶并加盖密封	硫代硫酸钠	若水中有残余氯存在，要在每升水中加入 80 g 硫代硫酸钠除氯。4℃冷藏，避光保存	在 7 d 内完成萃取。40 d 内完成分析	1 000～4 000	—	液液萃取法：0.05 μg/L；固相萃取法：0.05 μg/L
		水质 硝基苯类化合物的测定 液液萃取/固相萃取-气相色谱法	HJ 648—2013	地表水、地下水、工业废水、生活污水和海水	—	—	—	—	—	—	—	液液萃取法：0.024 μg/L；固相萃取法：0.005 3 μg/L
		生活饮用水标准检验方法 有机物指标（气相色谱法）	GB/T 5750.8—2006（31.1）	生活饮用水及其水源水	磨口玻璃瓶	用玻璃瓶采集水样，盖紧瓶塞	—	4℃冷藏保存	—	—	—	取 250 mL 水样时：0.08 mg/L；取 500 mL 水样时：0.04 mg/L

序号	测定项目	方法名称	方法依据	适用范围	采样容器	采样方法	固定剂	保存方法及保存剂用量	保存期	采样量/mL	容器洗涤	检出限
76	对硫磷	水质 有机磷农药的测定 气相色谱法	GB/T 13192—1991	地面水、地下水及工业废水	玻璃磨口瓶	在采样前用水样将取样瓶冲洗 2～3 次	—	弱酸性状态下，4℃冷藏保存	3 d	1 000	—	3.6×10^{-9} g
		生活饮用水标准检验方法 农药指标（填充柱气相色谱法）	GB/T 5750.9—2006(4.1)	生活饮用水、水源水	硬质磨口玻璃瓶	—	—	冷藏保存	24 h	—	—	2.5 μg/L
		生活饮用水标准检验方法 农药指标（毛细管柱气相色谱法）	GB/T 5750.9—2006(4.2)	生活饮用水、水源水	硬质磨口玻璃瓶	—	—	冷藏保存	24 h	—	—	0.1 μg/L
		地表水和污水监测技术规范	HJ/T 91—2002	对江河、湖泊、水库和渠道的水质监测	硬质玻璃瓶	—	抗坏血酸	加入 0.01～0.02 g 抗坏血酸除去残余氯，0～4℃冷藏，避光保存	24 h	1 000	洗涤剂洗 1 次，自来水洗 3 次，蒸馏水洗 1 次	—
		水质 样品的保存和管理技术规定	HJ 493—2009	天然水、生活污水及工业废水	硬质玻璃瓶（带聚四氟乙烯瓶盖）或塑料容器（适用于草甘膦）	不能用水样冲洗采样容器，不能水样充满容器	—	1～5℃冷藏保存	应在采样后 24 h 内完成萃取，萃取液保存 5 d	1 000～3 000	—	—

序号	测定项目	方法名称	方法依据	适用范围	采样容器	采样方法	固定剂	保存方法及保存剂用量	保存期	采样量/mL	容器洗涤	检出限
77	对-硝基甲苯	水质　硝基苯类化合物的测定　气相色谱-质谱法	HJ 716—2014	地表水、地下水、工业废水、生活污水和海水	棕色具聚四氟乙烯衬垫的螺口玻璃瓶	采集样品时，不要用水样预洗采样瓶。水样应充满采样瓶并加盖密封	硫代硫酸钠	若水中有残余氯存在，要在每升水中加入 80 g 硫代硫酸钠除氯。4℃冷藏，避光保存	在 7 d 内完成萃取。40 d 内完成分析	1 000～4 000	—	液液萃取法：0.04 μg/L；固相萃取法：0.04 μg/L
		水质　硝基苯类化合物的测定　液液萃取/固相萃取-气相色谱法	HJ 648—2013	地表水、地下水、工业废水、生活污水和海水	—	—	—	—	—	—	—	液液萃取法：0.22 μg/L；固相萃取法：0.048 μg/L
78	对-硝基氯苯	水质　硝基苯类化合物的测定　气相色谱-质谱法	HJ 716—2014	地表水、地下水、工业废水、生活污水和海水	棕色具聚四氟乙烯衬垫的螺口玻璃瓶	采集样品时，不要用水样预洗采样瓶。水样应充满采样瓶并加盖密封	硫代硫酸钠	若水中有残余氯存在，要在每升水中加入 80 g 硫代硫酸钠除氯。4℃冷藏，避光保存	在 7 d 内完成萃取。40 d 内完成分析	1 000～4 000	—	液液萃取法：0.05 μg/L；固相萃取法：0.04 μg/L
		水质　硝基苯类化合物的测定　液液萃取/固相萃取-气相色谱法	HJ 648—2013	地表水、地下水、工业废水、生活污水和海水	—	—	—	—	—	—	—	液液萃取法：0.017 μg/L；固相萃取法：0.003 6 μg/L
		生活饮用水标准检验方法　有机物指标（气相色谱法）	GB/T 5750.8—2006（31.1）	生活饮用水及其水源水	磨口玻璃瓶	用玻璃瓶采集水样，盖紧瓶塞	—	4℃冷藏保存	—	—	—	取 250 mL 水样时：0.04 mg/L；取 500 mL 水样时：0.02 mg/L

序号	测定项目	方法名称	方法依据	适用范围	采样容器	采样方法	固定剂	保存方法及保存剂用量	保存期	采样量/mL	容器洗涤	检出限
79	多氯联苯	水质　多氯联苯的测定　气相色谱-质谱法	HJ 715—2014	地表水、地下水、工业废水和生活污水	棕色具磨口塞玻璃瓶	水样充满样品瓶	—	0～4℃冷藏，避光保存	7 d	1 000、2 000、10 000	—	1.4～2.2 ng/L
80	多溴二苯醚	水质　多溴二苯醚的测定　气相色谱-质谱法	HJ 909—2017	地表水、地下水、工业废水和生活污水	聚四氟乙烯内衬旋盖棕色细口玻璃瓶	—	硫代硫酸钠	每升水加入 80 mg 硫代硫酸钠，于 4℃冷藏保存	14 d 内完成萃取	1 000～4 000	—	三至七溴代二苯醚的方法检出限出限为 0.5～1.6 ng/L，十溴二苯醚的方法检出限为 0.02 μg/L
81	蒽	水质　多环芳烃的测定液液萃取和固相萃取高效液相色谱法	HJ 478—2009	饮用水、地下水、地表水、海水、工业废水及生活污水	具磨口塞的棕色玻璃细口瓶	采样前不能用水样预洗采样瓶，采样瓶要完全注满，不留气泡	硫代硫酸钠（有余氯样品）	若水中有残余氯存在，要在每升水中加入 80 g 硫代硫酸钠除氯。4℃冷藏，避光保存	在 7 d 内萃取。萃取后的样品应避光于 4℃以下冷藏，在 40 d 内分析完毕	1 000 或 2 000	—	荧光检测器：0.005 μg/L；紫外检测器：0.004 μg/L
		水质　样品的保存和管理技术规定	HJ 493—2009	天然水、生活污水及工业废水	硬质玻璃瓶溶剂洗，带聚四氟乙烯瓶盖	尽可能现场萃取。如果样品加氯，采样前 1 000 mL 样加 80 mg 硫代硫酸钠	—	1～5℃冷藏保存	7 d	500	—	—

序号	测定项目	方法名称	方法依据	适用范围	采样容器	采样方法	固定剂	保存方法及保存剂用量	保存期	采样量/mL	容器洗涤	检出限
82	二噁英类	水质 二噁英类的测定 同位素稀释高分辨气相色谱-高分辨质谱法	HJ 77.1—2008	原水、废水、饮用水与工业生产用水	样品容器应使用对二噁英类无吸附作用的不锈钢或玻璃材质可密封器具	—	—	4～10℃冷藏，避光保存	—	—	使用前用甲醇（丙酮）及甲苯（二氯甲烷）充分清洗	2,3,7,8-T_4CDD：0.5 pg/L
83	二甲苯	生活饮用水标准检验方法 有机物指标（溶剂萃取-填充柱气相色谱法）	GB/T 5750.8—2006（18.1）	测定生活饮用水及其水源水	磨口玻璃瓶	—	—	冷藏保存	—	—	—	—
		水质 挥发性有机物的测定 吹扫捕集/气相色谱-质谱法	HJ 639—2012	海水、地下水、地表水、生活污水和工业废水	样品瓶：40 mL 棕色玻璃瓶，具硅橡胶-聚四氟乙烯衬垫螺旋盖	采样前，需要向每个样品瓶中加入抗坏血酸，采样时，水样呈中性时向每个样品瓶中加入 0.5 mL 盐酸溶液	盐酸	样品采集后冷藏运输。运回实验室后应立即放入冰箱中，0～4℃冷藏保存	14 d	40	—	间，对-二甲苯：2.2 μg/L；邻-二甲苯：1.4 μg/L
		水质 挥发性有机物的测定 吹扫捕集/气相色谱法	HJ 686—2014	地表水、地下水、生活污水和工业废水	样品瓶：40 mL 棕色玻璃瓶，螺旋盖（带聚四氟乙烯涂层密封垫）	用 40 mL 采样瓶采样。如果水样含有余氯，向采样瓶中加入约 25 mg 抗坏血酸	盐酸	加 0.5 mL 盐酸溶液，4℃冷藏保存	14 d	40	—	0.5 μg/L
		水质 挥发性有机物的测定 顶空/气相色谱-质谱法	HJ 810—2016	地表水、地下水、生活污水、工业废水和海水	采样瓶：40 mL 棕色螺口玻璃瓶，具硅橡胶-聚四氟乙烯衬垫螺旋盖，放置于不含挥发性有机物的区域	若水样中含有余氯，采样前，应向 40 mL 棕色采样瓶中加 25 mg（精确至 0.001 g）抗坏血酸。若水样中余氯含量超过 5 mg/L，应按比例增加抗坏血酸的加入量，余氯含量每增加 5 mg/L，则应多加入 25 mg 抗坏血酸	盐酸	样品采集后，应立即加入适量盐酸溶液，使样品 pH≤2，拧紧瓶塞，贴上标签，立即放入冷藏箱中于 0～4℃冷藏运输	14 d	40	—	间，对-二甲苯：8 μg/L；邻-二甲苯：4 μg/L

序号	测定项目	方法名称	方法依据	适用范围	采样容器	采样方法	固定剂	保存方法及保存剂用量	保存期	采样量/mL	容器洗涤	检出限
84	二氯苯	生活饮用水标准检验方法 有机物指标（气相色谱法）	GB/T 5750.8—2006（24.1）	生活饮用水及其水源水	磨口塞玻璃瓶	—	硫酸	每升水样中加入 1 mL 硫酸，并置于 4℃冷藏保存	保存期 4 d。经过萃取处理后的试样在 4℃冰箱内保存 40 d	—	—	2 μg/L
		地表水和污水监测技术规范	HJ/T 91—2002	对江河、湖泊、水库和渠道的水质监测	硬质玻璃瓶	—	盐酸+抗坏血酸	用 1+10 盐酸调至 pH=2，加入 0.01～0.02 g 抗坏血酸除去残余氯，0～4℃冷藏，避光保存	12 h	1 000	洗涤剂洗 1 次，自来水洗 3 次，蒸馏水洗 1 次	—
		水质 样品的保存和管理技术规定	HJ 493—2009	天然水、生活污水及工业废水	硬质玻璃瓶	—	盐酸+抗坏血酸	用 1+10 盐酸调至 pH≤2，加入 0.01～0.02 g 抗坏血酸除去残余氯；1～5℃冷藏，避光保存	12 h	1 000	—	—
85	二氯甲烷	水质 挥发性有机物的测定 吹扫捕集/气相色谱法	HJ 686—2014	地表水、地下水、生活污水和工业废水中挥发性有机物的测定	棕色玻璃瓶，螺旋盖（带聚四氟乙烯涂层密封垫）	所有样品均采集平行双样，每批样品带一个全程序空白和一个运输空白，样品采集时不需用水样荡洗	盐酸溶液（无余氯样品）；抗坏血酸+盐酸（有余氯样品）	无余氯样品：0.5 mL 盐酸溶液，4℃冷藏保存；有余氯样品：加入约 25 mg 抗坏血酸，再加 0.5 mL 盐酸溶液，4℃冷藏保存	14 d	40	—	0.5 μg/L

序号	测定项目	方法名称	方法依据	适用范围	采样容器	采样方法	固定剂	保存方法及保存剂用量	保存期	采样量/mL	容器洗涤	检出限
85	二氯甲烷	水质　挥发性有机物的测定　吹扫捕集/气相色谱-质谱法	HJ 639—2012	海水、地下水、地表水、生活污水和工业废水	40 mL 棕色玻璃瓶，具硅橡胶-聚四氟乙烯衬垫螺旋盖	水样在样品瓶中溢流而不留空间。取样时应尽量避免或减少样品在空气中暴露。所有样品均采集平行双样，每批样品带一个全程序空白和一个运输空白。采样时不需用样品进行荡洗	抗坏血酸+盐酸	每 40 mL 样品需加入 25 mg 的抗坏血酸；若样品中总余氯的量超过 5 mg/L，总余氯每超过 5 mg/L，需要多加 25 mg 的抗坏血酸。采样时，水样呈中性时向每个样品瓶中加入 0.5 mL 盐酸溶液，拧紧瓶盖；水样呈碱性时应加入适量盐酸溶液使样品 pH≤2，4℃冷藏保存	14 d	40	样品瓶应在采样前用甲醇清洗	全扫描模式（SCAN）：1.0 μg/L；选择离子扫描模式（SIM）：0.5 μg/L
							—	当水样加盐酸溶液后产生大量气泡时，应弃去该样品，重新采集样品。重新采集的样品不应加盐酸溶液，样品标签上应注明未酸化，4℃冷藏保存	24 h			
		水质　挥发性有机物的测定　顶空/气相色谱-质谱法	HJ 810—2016	地表水、地下水、生活污水、工业废水和海水	40 mL 棕色玻璃瓶，具硅橡胶-聚四氟乙烯衬垫螺旋盖	采集样品时，不宜用水样进行荡洗，应使水样在样品瓶中溢流且不留空间	抗坏血酸+盐酸	若水样中含有余氯，采样前，应向 40 mL 棕色采样瓶中加入 25 mg 的抗坏血酸。若水样中余氯含量超过 5 mg/L，应按比例增加抗坏血酸的加入量，余氯含量每增加 5 mg/L，则应多加入 25 mg 的抗坏血酸。样品采集后，应立即加入适量盐酸溶液，使样品 pH≤2，拧紧瓶盖，0～4℃冷藏，避光和密封保存	14 d	40	—	全扫描模式（SCAN）：7 μg/L；选择离子扫描模式（SIM）：0.6 μg/L
							—	当水样加盐酸溶液后有气泡产生，须重新采样，重新采集的样品不加盐酸溶液保存，样品标签上应注明未酸化	24 h			

序号	测定项目	方法名称	方法依据	适用范围	采样容器	采样方法	固定剂	保存方法及保存剂用量	保存期	采样量/mL	容器洗涤	检出限
85	二氯甲烷	水质 挥发性卤代烃的测定 顶空气相色谱法	HJ 620—2011	地表水、地下水、饮用水、海水、工业废水和生活污水	具聚四氟乙烯衬垫和实心螺旋盖	采样时样品沿瓶壁注入，防止气泡产生，水样充满后不留液上空间。所有样品均采集平行样	抗坏血酸或硫代硫酸钠	如果水样含有余氯，向采样瓶中加入 0.3～0.5 g 抗坏血酸或硫代硫酸钠。4℃左右冷藏保存	7 d 内完成分析	40	—	6.13 μg/L
		生活饮用水标准检验方法 消毒副产物指标（顶空气相色谱法）	GB/T 5750.10—2006(5.1)	生活饮用水及其水源	细口瓶	水样之满瓶（不应有气泡），立即用垫有聚四氟乙烯薄膜（或铝箔）的翻好胶塞盖好	—	冷藏保存	不得超过 4 h	250	—	9 μg/L
		生活饮用水标准检验方法 有机物指标(附录A 吹脱捕集/气相色谱-质谱法测定挥发性有机化合物)	GB/T 5750.8—2006（附录 A）	生活饮用水、水源地表水和地下水	40 mL 棕色玻璃瓶附螺旋盖及聚四氟乙烯垫片	水样在瓶中溢流出而不流气泡；若从开放的水体中采样，先用 1 L 的广口瓶或烧杯从有代表性的区域中采样，再把水样从广口瓶或烧杯中倒入样品瓶中。所有样品均采集平行样，每批样品要带一个现场空白	盐酸溶液（无余氯样品）；抗坏血酸+盐酸（有余氯样品）	不含余氯的样品和现场空白，每 40 mL 水样中加 4 滴 4 mol/L 的盐酸做固定剂，4℃冷藏保存。含余氯的样品和现场空白，在样品瓶中先加入抗坏血酸（每 40 mL 水样中加 25 mg），待样品瓶中充满水样并溢流后，每 20 mL 样品中加入 1 滴 4 mol/L 盐酸调节样品 pH＜2，0～4℃冷藏保存	14 d	40	—	0.03 μg/L
		地表水和污水监测技术规范	HJ/T 91—2002	对江河、湖泊、水库和渠道的水质监测	硬质玻璃瓶	—	盐酸+抗坏血酸	用 1+10 盐酸调至 pH=2，加入 0.01～0.02 g 抗坏血酸除去残余氯，0～4℃冷藏，避光保存	12 h	1 000	洗涤剂洗 1 次，自来水洗 3 次，蒸馏水洗 1 次	—
		水质 样品的保存和管理技术规定	HJ 493—2009	天然水、生活污水及工业废水	硬质玻璃瓶	—	盐酸+抗坏血酸	用 1+10 盐酸调至 pH≤2，加入 0.01～0.02 g 抗坏血酸除去残余氯；1～5℃冷藏，避光保存	12 h	1 000	—	—

序号	测定项目	方法名称	方法依据	适用范围	采样容器	采样方法	固定剂	保存方法及保存剂用量	保存期	采样量/mL	容器洗涤	检出限
86	酚类化合物	水质 酚类化合物的测定 液液萃取/气相色谱法	HJ 676—2013	地表水、地下水、生活污水和工业废水	棕色硬质玻璃瓶	采样时，不要用水样预洗采样瓶，水样应充满样品瓶并加盖密封	盐酸溶液：1+3	采样后，加入适量盐酸溶液将水样调节至 pH＜2，0～4℃冷藏，避光保存，在 7 d 内萃取。萃取液在 4℃下避光保存，20 d 内完成分析	20 d	1 000	—	0.5～3.4 μg/L
		水质 酚类化合物的测定 气相色谱-质谱法	HJ 744—2015	地表水、地下水、生活污水和工业废水	磨口棕色玻璃瓶	采样时，不要用水样预洗采样瓶，水样应充满样品瓶并加盖密封	硫酸溶液：1+1	采样后，用 1+1 硫酸溶液，将水样调节至 pH≤2。0～4℃，冷藏，避光保存，7 d 内萃取。萃取液在 4℃下避光保存，20 d 内完成分析	20 d	—	—	液液萃取法：0.1～0.2 μg/L；固相萃取法：0.1～0.2 μg/L
87	环氧氯丙烷	水质 挥发性有机物的测定 吹扫捕集/气相色谱法	HJ 686—2014	地表水、地下水、生活污水和工业废水中挥发性有机物的测定	棕色玻璃瓶，螺旋盖（带聚四氟乙烯涂层密封垫）	所有样品均采集平行双样，每批样品带一个全程序空白和一个运输空白，样品采集时不需用水样荡洗	盐酸溶液（无余氯样品）；抗坏血酸+盐酸（有余氯样品）	无余氯样品：0.5 mL 盐酸溶液，4℃冷藏保存；有余氯样品：加入约 25 mg 抗坏血酸，再加 0.5 mL 盐酸溶液，4℃冷藏保存	14 d	40	—	0.5 μg/L
		水质 挥发性有机物的测定 吹扫捕集/气相色谱-质谱法	HJ 639—2012	海水、地下水、地表水、生活污水和工业废水	40 mL 棕色玻璃瓶，具硅橡胶-聚四氟乙烯衬垫螺旋盖	水样在样品瓶中溢流而不留空间。取样时应尽量避免或减少样品在空气中暴露。所有样品均采集平行双样，每批样品带一个全程序空白和一个运输空白。采样时不需用样品进行荡洗	抗坏血酸+盐酸	每 40 mL 样品需加入 25 mg 的抗坏血酸；若样品中总余氯的量超过 5 mg/L，总余氯每超过 5 mg/L，需要多加 25 mg 的抗坏血酸。采样时，水样呈中性时向每个样品瓶中加入 0.5 mL 盐酸溶液，拧紧瓶盖；水样呈碱性时应加入适量盐酸溶液使样品 pH≤2，4℃冷藏保存	14 d	40	样品瓶应在采样前用甲醇清洗	全扫描模式（SCAN）：5.0 μg/L；选择离子扫描模式（SIM）：2.3 μg/L
							—	当水样加盐酸溶液后产生大量气泡时，应弃去该样品，重新采集样品。重新采集的样品不应加盐酸溶液，样品标签上应注明未酸化，4℃冷藏保存	24 h			

序号	测定项目	方法名称	方法依据	适用范围	采样容器	采样方法	固定剂	保存方法及保存剂用量	保存期	采样量/mL	容器洗涤	检出限
87	环氧氯丙烷	生活饮用水标准检验方法 有机物指标（气相色谱法）	GB/T 5750.8—2006（17.1）	生活饮用水及其水源水	具聚四氟乙烯薄膜，螺旋口瓶塞的细口玻璃瓶	将中性水样注入采样瓶中，至近满，留出少许空隙，盖好瓶塞	5 g/L 酚酞指示剂或 0.5 g/L 甲基橙+50 g/L 氢氧化钠或 8+92 盐酸	取 50 mL 水样，加 2 滴 5 g/L 酚酞指示剂或 2 滴 0.5 g/L 甲基橙指示剂，用 50 g/L 氢氧化钠或 8+92 盐酸调至中性	—	500	—	取 100 mL 水样：0.05 mg/L；取 250 mL 水样：0.02 mg/L
		地表水和污水监测技术规范	HJ/T 91—2002	对江河、湖泊、水库和渠道的水质监测	硬质玻璃瓶	—	盐酸+抗坏血酸	用 1+10 盐酸调至 pH=2，加入 0.01～0.02 g 抗坏血酸除去残余氯，0～4℃冷藏，避光保存	12 h	1 000	洗涤剂洗 1 次，自来水洗 3 次，蒸馏水洗 1 次	—
		水质 样品的保存和管理技术规定	HJ 493—2009	天然水、生活污水及工业废水	硬质玻璃瓶	—	盐酸+抗坏血酸	用 1+10 盐酸调至 pH≤2，加入 0.01～0.02 g 抗坏血酸除去残余氯，1～5℃冷藏，避光保存	12 h	1 000	—	—
88	环氧七氯	水质 有机氯农药和氯苯类化合物的测定 气相色谱-质谱法	HJ 699—2014	地表水、地下水、生活污水、工业废水和海水	带玻璃塞的棕色磨口瓶或具有聚四氟乙烯衬垫的棕色螺口玻璃瓶	—	1+1 盐酸	用 1+1 盐酸溶液调节 pH＜2，0～4℃冷藏保存	7 d 内完成萃取；萃取液在 40 d 内完成分析	—	—	液液萃取法：0.040 μg/L；固相萃取法：0.026 μg/L
		地表水和污水监测技术规范	HJ/T 91—2002	对江河、湖泊、水库和渠道的水质监测	硬质玻璃瓶		抗坏血酸	加入 0.01～0.02 g 抗坏血酸除去残余氯，0～4℃冷藏，避光保存	24 h	1 000	洗涤剂洗 1 次，自来水洗 3 次，蒸馏水洗 1 次	—

序号	测定项目	方法名称	方法依据	适用范围	采样容器	采样方法	固定剂	保存方法及保存剂用量	保存期	采样量/mL	容器洗涤	检出限
88	环氧七氯	水质 样品的保存和管理技术规定	HJ 493—2009	天然水、生活污水及工业废水	硬质玻璃瓶（带聚四氟乙烯瓶盖）或塑料容器（适用于草甘膦）	不能用水样冲洗采样容器，不能水样充满容器		1～5℃冷藏保存	萃取应在采样后24 h内完成，萃取液5 d	1 000～3 000	—	—
					聚乙烯瓶或硬质玻璃瓶	水样充满容器	硝酸	用硝酸酸化，pH1～2；1～5℃冷藏，避光保存	5 d	1 000		
					聚乙烯瓶	—	—	−20℃冷冻	30 d	1 000		
89	黄磷	水质 黄磷的测定 气相色谱法	HJ 701—2014	地表水、地下水、生活污水和工业废水	棕色玻璃瓶	将水样沿样品瓶壁缓慢流入，盖紧瓶盖并倒置检查瓶内是否存在气泡，若有气泡，应重新采集	—	0～4℃冷藏，避光保存	7 d	500	—	氮磷检测器（NPD）：0.04 μg/L；火焰光度检测器（FPD）：0.1 μg/L
90	磺酰脲类农药	水质 磺酰脲类农药的测定 高效液相色谱法	HJ 1018—2019	地表水、地下水、生活污水和工业废水	1 000 mL具磨口塞的棕色细口玻璃瓶或带聚四氟乙烯衬垫的棕色螺纹口玻璃瓶	采集样品时，应使样品充满采样瓶，不留液上空间。如果样品pH不在7～9，用磷酸或氢氧化钠溶液调节样品pH至7～9。对于含有余氯的水样，需向水样中加入硫代硫酸钠，使水样中硫代硫酸钠的浓度为80 mg/L	磷酸、氢氧化钠	采集的样品应在0～4℃冷藏、避光保存，2 d内分析或萃取完毕。萃取液应在0～4℃冷藏、避光保存，8 d内分析完毕	8 d	1 000	—	直接进样：0.006～0.009 mg/L；液液萃取法或固相萃取法：0.05～0.09 μg/L

序号	测定项目	方法名称	方法依据	适用范围	采样容器	采样方法	固定剂	保存方法及保存剂用量	保存期	采样量/mL	容器洗涤	检出限
91	挥发酚	水质 挥发酚的测定 4-氨基安替比林分光光度法	HJ 503—2009	地表水、地下水、饮用水、工业废水和生活污水	硬质玻璃瓶	—	磷酸	加磷酸酸化至 pH 值约为 4.0，并加硫酸铜，0～4℃冷藏保存	24 h 内测定	500	—	萃取分光光度法：0.0003 mg/L；直接分光光度法：0.01 mg/L
		水质 挥发酚的测定 流动注射-4-氨基安替比林分光光度法	HJ 825—2017	地表水、地下水、生活污水和工业废水	玻璃容器	—	磷酸	加磷酸使 pH=2，或用 0.01～0.02 g 抗坏血酸除去残余氯。用氢氧化钠固定，使样品 pH≥12，0～4℃冷藏，避光保存	24 h	—	—	0.002 mg/L
		生活饮用水标准检验方法 感官性状和物理指标（4-氨基安替吡啉三氯甲烷萃取分光光度法）	GB/T 5750.4—2006（9.1）	生活饮用水及其水源水	—	—	氢氧化钠	加氢氧化钠调节 pH≥12，0～4℃冷藏，避光保存	24 h	500～1 000	用重铬酸钾洗液浸泡 24 h，然后用自来水冲洗干净，用蒸馏水淋洗后置烘箱内 180℃烘 4 h，冷却后再用纯化过的己烷、石油醚冲洗数次	0.002 mg/L
92	挥发性卤代烃	水质 挥发性卤代烃的测定 顶空气相色谱法	HJ 620—2011	地表水、地下水、饮用水、海水、工业废水和生活污水	采样瓶：40 mL	采样用 40 mL 采样瓶。如果水样含有余氯，向采样瓶中加入 0.3～0.5 g 抗坏血酸或硫代硫酸钠。采样时样品沿瓶壁注入，防止气泡产生，水样充满后不留液上空间	—	水样采集后应立即于 4℃左右冷藏保存，送回实验室应尽快分析，如不能及时分析，可在 4℃左右冷藏保存，样品存放区域无有机物干扰	7 d	40	—	0.02～6.13 μg/L

序号	测定项目	方法名称	方法依据	适用范围	采样容器	采样方法	固定剂	保存方法及保存剂用量	保存期	采样量/mL	容器洗涤	检出限
93	挥发性石油烃（C_6～C_9）	水质 挥发性石油烃（C_6～C_9）的测定 吹扫捕集/气相色谱法	HJ 893—2017	地表水、地下水、海水、生活污水和工业废水	40 mL 棕色玻璃瓶，具硅橡胶-聚四氟乙烯衬垫螺旋盖	采集样品时，使水样在瓶中溢流而不留气泡。每份样品应采集平行双样，每批样品应至少带一个全程序空白	抗坏血酸+磷酸	采样前，需加入 0.3 g 抗坏血酸于样品瓶中；采集样品，再加入数滴 1+9 磷酸溶液，使样品 pH≤2，4℃冷藏，避光保存	3 d 内完成样品分析	40	—	当取样量 10.0 mL 时：0.02 mg/L；当取样量 20.0 mL 时：0.01 mg/L
94	挥发性有机物	水质 挥发性有机物的测定 吹扫捕集/气相色谱-质谱法	HJ 639—2012	海水、地下水、地表水、生活污水和工业废水	样品瓶：40 mL 棕色玻璃瓶，具硅橡胶-聚四氟乙烯衬垫螺旋盖	采样前，需要向每个样品瓶中加入抗坏血酸，采样时，水样呈中性时向每个样品瓶中加入 0.5 mL 盐酸溶液	盐酸	样品采集后冷藏运输。运回实验室后应立即放入冰箱中，0～4℃冷藏保存	14 d	40	—	0.6～5.0 μg/L
		水质 挥发性有机物的测定 吹扫捕集/气相色谱法	HJ 686—2014	地表水、地下水、生活污水和工业废水	样品瓶：40 mL 棕色玻璃瓶，螺旋盖（带聚四氟乙烯涂层密封垫）	用 40 mL 采样瓶采样。如果水样含有余氯，向采样瓶中加入约 25 mg 抗坏血酸	盐酸	加 0.5 mL 盐酸溶液，4℃冷藏保存	14 d	40	—	0.1～0.5 μg/L
		水质 挥发性有机物的测定 顶空/气相色谱-质谱法	HJ 810—2016	地表水、地下水、生活污水、工业废水和海水	采样瓶：40 mL 棕色螺口玻璃瓶，具硅橡胶-聚四氟乙烯衬垫螺旋盖，放置于不含挥发性有机物的区域	若水样中含有余氯，采样前，应向 40 mL 棕色采样瓶中加 25 mg（精确至 0.001 g）抗坏血酸。若水样中余氯含量超过 5 mg/L，应按比例增加抗坏血酸的加入量，余氯含量每增加 5 mg/L，则应多加入 25 mg 抗坏血酸	盐酸	样品采集后，应立即加入适量盐酸溶液，使样品 pH≤2，拧紧瓶塞，贴上标签，0～4℃冷藏运输	14 d	40	—	2 ～10 μg/L
95	甲苯	水质苯系物的测定气相色谱法	GB/T 11890—1989	工业废水及地表水	玻璃容器	样品应充满瓶子，并加盖瓶子	—	在 4℃冷藏保存	14 d	—	—	0.05 mg/L

序号	测定项目	方法名称	方法依据	适用范围	采样容器	采样方法	固定剂	保存方法及保存剂用量	保存期	采样量/mL	容器洗涤	检出限
95	甲苯	水质　挥发性有机物的测定　吹扫捕集/气相色谱法	HJ 686—2014	地表水、地下水、生活污水和工业废水中挥发性有机物的测定	棕色玻璃瓶，螺旋盖（带聚四氟乙烯涂层密封垫）	所有样品均采集平行双样，每批样品带一个全程序空白和一个运输空白，样品采集时不需用水样荡洗	盐酸溶液（无余氯样品）；抗坏血酸+盐酸（有余氯样品）	无余氯样品：0.5 mL 盐酸溶液，4℃冷藏保存；有余氯样品：加入约 25 mg 抗坏血酸，再加 0.5 mL 盐酸溶液，4℃冷藏保存	14 d	40	—	0.5 μg/L
		水质　挥发性有机物的测定　吹扫捕集/气相色谱-质谱法	HJ 639—2012	海水、地下水、地表水、生活污水和工业废水	40 mL 棕色玻璃瓶，具硅橡胶-聚四氟乙烯衬垫螺旋盖	水样在样品瓶中溢流而不留空间。取样时应尽量避免或减少样品在空气中暴露。所有样品均采集平行双样，每批样品带一个全程序空白和一个运输空白。采样时不需用样品进行荡洗	抗坏血酸+盐酸	每 40 mL 样品需加入 25 mg 的抗坏血酸；若样品中总余氯的量超过 5 mg/L，总余氯每超过 5 mg/L，需要多加 25 mg 的抗坏血酸。采样时，水样呈中性时向每个样品瓶中加入 0.5 mL 盐酸溶液，拧紧瓶盖；水样呈碱性时应加入适量盐酸溶液使样品 pH≤2，4℃冷藏保存	14 d	40	样品瓶应在采样前用甲醇清洗	全扫描模式（SCAN）：1.4 μg/L；选择离子扫描模式（SIM）：0.3 μg/L
							—	当水样加盐酸溶液后产生大量气泡时，应弃去该样品，重新采集样品。重新采集的样品不应加盐酸溶液，样品标签上应注明未酸化，4℃冷藏保存	24 h			

序号	测定项目	方法名称	方法依据	适用范围	采样容器	采样方法	固定剂	保存方法及保存剂用量	保存期	采样量/mL	容器洗涤	检出限
95	甲苯	水质 挥发性有机物的测定 顶空/气相色谱-质谱法	HJ 810—2016	地表水、地下水、生活污水、工业废水和海水	40 mL 棕色玻璃瓶，具硅橡胶-聚四氟乙烯衬垫螺旋盖	采集样品时，不宜用水样进行荡洗，应使水样在样品瓶中溢流且不留空间	抗坏血酸+盐酸	若水样中含有余氯，采样前，应向 40 mL 棕色采样瓶中加入 25 mg 的抗坏血酸。若水样中余氯含量超过 5 mg/L，应按比例增加抗坏血酸的加入量，余氯含量每增加 5 mg/L，则应多加入 25 mg 的抗坏血酸。样品采集后，应立即加入适量盐酸溶液，使样品 pH≤2，拧紧瓶盖，4℃冷藏避光和密封保存	14 d	40	—	全扫描模式（SCAN）：3 μg/L；选择离子扫描模式（SIM）：1.0 μg/L
							—	当水样加盐酸溶液后有气泡产生，须重新采样，重新采集的样品不加盐酸溶液保存，样品标签上应注明未酸化	24 h			
		生活饮用水标准检验方法 有机物指标（溶剂萃取-填充柱气相色谱法）	GB/T 5750.8—2006（18.1）	测定生活饮用水及其水源水	磨口玻璃瓶	—	—	冷藏保存	—	—	—	—
		生活饮用水标准检验方法 有机物指标（溶剂萃取-毛细管柱气相色谱法）	GB/T 5750.8—2006（18.2）	测定生活饮用水及其水源水	磨口玻璃瓶	—	—	冷藏保存	—	—	—	0.006 mg/L
		生活饮用水标准检验方法 有机物指标（顶空-填充柱气相色谱法）	GB/T 5750.8—2006（18.3）	测定生活饮用水及其水源	顶空瓶	采集水样至充满瓶，用包有铝箔（或聚四氟乙烯膜）的翻口胶塞封好	—	冷藏保存	—	100	—	1.0 μg/L

序号	测定项目	方法名称	方法依据	适用范围	采样容器	采样方法	固定剂	保存方法及保存剂用量	保存期	采样量/mL	容器洗涤	检出限
95	甲苯	生活饮用水标准检验方法 有机物指标（顶空-毛细管柱气相色谱法）	GB/T 5750.8—2006（18.4）	测定生活饮用水及其水源	有聚四氟膜的硅橡胶垫和塑料螺旋帽密封，使用前在120℃烘烤2 h	采集水样至充满瓶	—	密封冷藏保存	—	40	—	1 μg/L
		地表水和污水监测技术规范	HJ/T 91—2002	对江河、湖泊、水库和渠道的水质监测	硬质玻璃瓶	—	盐酸+抗坏血酸	用1+10盐酸调至pH=2，加入0.01～0.02 g抗坏血酸除去残余氯，0～4℃冷藏，避光保存	12 h	1 000	洗涤剂洗1次，自来水洗3次，蒸馏水洗1次	—
		水质 样品的保存和管理技术规定	HJ 493—2009	天然水、生活污水及工业废水	硬质玻璃瓶	—	盐酸+抗坏血酸	用1+10盐酸调至pH≤2，加入0.01～0.02 g抗坏血酸除去残余氯；1～5℃冷藏，避光保存	12 h	1 000	—	—
96	甲醇	水质 甲醇和丙酮的测定 顶空/气相色谱法	HJ 895—2017	地表水、地下水、工业废水、生活污水和海水	40 mL棕色玻璃瓶，具硅橡胶-聚四氟乙烯衬垫螺旋盖	采集样品时，不得用样品进行荡洗，应使样品在采样瓶中溢流且不留空间，取样时应尽量避免或减少样品在空气中暴露。所有样品瓶均采集平行双样	抗坏血酸（有余氯样品）	样品中含有余氯，采样前，应向采样瓶中加25 mg抗坏血酸。若余氯含量超过5 mg/L，余氯含量每增加5 mg/L，应多加入25 mg抗坏血酸。样品采集后立即加入适量1+1盐酸，使样品pH≤2，0～4℃冷藏、避光和密封保存	14 d	40	—	0.2 mg/L
97	甲基对硫磷	水质 有机磷农药的测定 气相色谱法	GB/T 13192—1991	地面水、地下水及工业废水	玻璃磨口瓶	在采样前用水样将取样瓶冲洗2～3次	—	弱酸性状态下，4℃冷藏保存	3 d	1 000	—	2.8×10^{-9} g
		水、土中有机磷农药测定的气相色谱法	GB/T 14552—2003	地面水、地下水及土壤中有机磷农药	磨口玻璃瓶	先用水样冲洗样品2～3次	—	4℃冷藏保存	—	1 000	—	0.1893×10^{-3} mg/L

序号	测定项目	方法名称	方法依据	适用范围	采样容器	采样方法	固定剂	保存方法及保存剂用量	保存期	采样量/mL	容器洗涤	检出限
97	甲基对硫磷	生活饮用水标准检验方法 农药指标（毛细管柱气相色谱法）	GB/T 5750.9—2006（4.2）	生活饮用水、水源水	硬质磨口玻璃瓶	—	—	冷藏保存	24 h	—	—	0.1 μg/L
		地表水和污水监测技术规范	HJ/T 91—2002	对江河、湖泊、水库和渠道的水质监测	硬质玻璃瓶	—	抗坏血酸	加入 0.01～0.02 g 抗坏血酸除去残余氯，0～4℃冷藏，避光保存	24 h	1 000	洗涤剂洗 1 次，自来水洗 3 次，蒸馏水洗 1 次	
		水质 样品的保存和管理技术规定	HJ 493—2009	天然水、生活污水及工业废水	硬质玻璃瓶（带聚四氟乙烯瓶盖）或塑料容器（适用于草甘膦）	不能用水样冲洗采样容器，不能水样充满容器		1～5℃冷藏保存	应在采样后 24 h 内完成萃取，萃取液保存 5 d	1 000～3 000		
98	甲基汞	环境甲基汞的测定气相色谱法	GB/T 17132—1997	地面水、生活饮用水、生活污水、工业废水、沉积物、鱼体及人发和人尿中甲基汞含量的测定	聚乙烯塑料桶	—	硫酸铜溶液：0.01 g/mL 和盐酸溶液：2 mol/L	每升水样加硫酸铜溶液 1 mL。水样用盐酸和氢氧化钠调 pH=3。水样于 4℃且 pH=3 条件下冷藏保存	12 h	10 000	—	0.01ng/L

序号	测定项目	方法名称	方法依据	适用范围	采样容器	采样方法	固定剂	保存方法及保存剂用量	保存期	采样量/mL	容器洗涤	检出限
98	甲基汞	水质 烷基汞的测定 气相色谱法	GB/T 14204—1993	地面水及污水	塑料桶	—	在数小时内样品不能进行分析：硫酸铜	如在数小时内样品不能进行分析，应在采样瓶中预先加入硫酸铜，加入量为每升 1 g，2～5℃冷藏保存	—	2 500	—	10ng/L
		水质 烷基汞的测定 吹扫捕集/气相色谱-冷原子荧光光谱法	HJ 977—2018	地表水、地下水、生活污水、工业废水和海水	具螺口的高密度聚乙烯瓶、硼硅玻璃瓶或氟化聚乙烯瓶	—	盐酸+饱和硫酸铜	每升样品加入 4 mL 盐酸，样品 pH 值应在 1～2，加入 2 mL 饱和硫酸铜溶液，摇匀，用聚乙烯袋密封采样瓶，0～4℃冷藏，避光保存	8 d	500 或 1 000	—	0.02ng/L
99	甲萘威	水质 氨基甲酸酯类农药的测定 超高效液相色谱-三重四级杆质谱法	HJ 827—2017	地表水、地下水、生活污水和工业废水	磨口棕色玻璃瓶	采样瓶要完全注满不留气泡	硫酸溶液：1+1 或氢氧化钠溶液：0.4 g/mL	用 1+1 硫酸或 0.4 g/mL 氢氧化钠调节水样为中性，0～4℃冷藏，避光保存	7 d	250	—	直接进样：0.3 μg/L；固相萃取法：0.010 μg/L
		生活饮用水标准检验方法 农药指标（高压液相色谱法-紫外检测器）	GB/T 5750.9—2006（10.1）	生活饮用水及其水源水	玻璃磨口瓶	—	磷酸	滴加磷酸调节 pH 值为 3	—	—	—	0.01 mg/L
		生活饮用水标准检验方法 农药指标（高压液相色谱法）	GB/T 5750.9—2006（15.1）	生活饮用水及其水源水	具螺旋盖聚丙烯瓶，也可用聚乙烯瓶或玻璃容量器	—	硫代硫酸钠（有余氯样品）	当有余氯存在时，加入硫代硫酸钠，使硫代硫酸钠在水样中浓度到 80 mg/L，并摇匀	—	500	—	0.125 μg/L

序号	测定项目	方法名称	方法依据	适用范围	采样容器	采样方法	固定剂	保存方法及保存剂用量	保存期	采样量/mL	容器洗涤	检出限
100	甲醛	水质 甲醛的测定 乙酰丙酮分光光度法	HJ 601—2011	地表水、地下水和工业废水	聚乙烯瓶或硬质玻璃瓶	—	硫酸	加硫酸酸化至 pH≤2	24 h	—	—	0.05 mg/L
101	间-二硝基苯	水质 硝基苯类化合物的测定 气相色谱-质谱法	HJ 716—2014	地表水、地下水、工业废水、生活污水和海水	棕色具聚四氟乙烯衬垫的螺口玻璃瓶	采集样品时，不要用水样预洗采样瓶。水样应充满采样瓶并加盖密封	硫代硫酸钠	若水中有残余氯存在，要在每升水中加入 80 g 硫代硫酸钠除氯。4℃冷藏，避光保存	在 7 d 内完成萃取。40 d 内完成分析	1 000～4 000	—	液液萃取法：0.05 μg/L；固相萃取法：0.05 μg/L
		水质 硝基苯类化合物的测定 液液萃取/固相萃取-气相色谱法	HJ 648—2013	地表水、地下水、工业废水、生活污水和海水	—	—	—	—	—	—	—	液液萃取法：0.020 μg/L；固相萃取法：0.0046 μg/L
		生活饮用水标准检验方法 有机物指标（气相色谱法）	GB/T 5750.8—2006（31.1）	生活饮用水及其水源水	磨口玻璃瓶	用玻璃瓶采集水样，盖紧瓶塞	—	4℃冷藏保存	—	—	—	取 250 mL 水样时：0.4 mg/L；取 500 mL 水样时：0.2 mg/L
102	间-硝基甲苯	水质 硝基苯类化合物的测定 气相色谱-质谱法	HJ 716—2014	地表水、地下水、工业废水、生活污水和海水	棕色具聚四氟乙烯衬垫的螺口玻璃瓶	采集样品时，不要用水样预洗采样瓶。水样应充满采样瓶并加盖密封	硫代硫酸钠	若水中有残余氯存在，要在每升水中加入 80 g 硫代硫酸钠除氯。4℃冷藏，避光保存	在 7 d 内完成萃取。40 d 内完成分析	1 000～4000	—	液液萃取法：0.04 μg/L；固相萃取法：0.04 μg/L
		水质 硝基苯类化合物的测定 液液萃取/固相萃取-气相色谱法	HJ 648—2013	地表水、地下水、工业废水、生活污水和海水	—	—	—	—	—	—	—	液液萃取法：0.22 μg/L；固相萃取法：0.045 μg/L

序号	测定项目	方法名称	方法依据	适用范围	采样容器	采样方法	固定剂	保存方法及保存剂用量	保存期	采样量/mL	容器洗涤	检出限
103	间-硝基氯苯	水质 硝基苯类化合物的测定 气相色谱-质谱法	HJ 716—2014	地表水、地下水、工业废水、生活污水和海水	棕色具聚四氟乙烯衬垫的螺口玻璃瓶	采集样品时，不要用水样预洗采样瓶。水样应充满采样瓶并加盖密封	硫代硫酸钠	若水中有残余氯存在，要在每升水中加入 80 g 硫代硫酸钠除氯。4℃冷藏，避光保存	在 7 d 内完成萃取。40 d 内完成分析	1 000～4 000	—	液液萃取法：0.05 μg/L；固相萃取法：0.04 μg/L
		水质 硝基苯类化合物的测定 液液萃取/固相萃取-气相色谱法	HJ 648—2013	地表水、地下水、工业废水、生活污水和海水	—	—	—	—	—	—	—	液液萃取法：0.017 μg/L；固相萃取法：0.0036 μg/L
		生活饮用水标准检验方法 有机物指标（气相色谱法）	GB/T 5750.8—2006（31.1）	生活饮用水及其水源水	磨口玻璃瓶	用玻璃瓶采集水样，盖紧瓶塞	—	4℃冷藏保存	—	—	—	取 250 mL 水样时：0.04 mg/L；取 500 mL 水样时：0.02 mg/L
104	克百威	水质 氨基甲酸酯类农药的测定 超高效液相色谱-三重四级杆质谱法	HJ 827—2017	地表水、地下水、生活污水和工业废水	磨口棕色玻璃瓶	采样瓶要完全注满不留气泡	硫酸溶液：1+1 或氢氧化钠溶液：0.4 g/mL	用 1+1 硫酸或 0.4 g/mL 氢氧化钠调节水样为中性，水样 0～4℃冷藏，避光保存	3 d	250	—	直接进样：0.1 μg/L；固相萃取法：0.005 μg/L
		水质 样品的保存和管理技术规定	HJ 493—2009	天然水、生活污水及工业废水	硬质玻璃瓶，溶剂洗	—	硫代硫酸钠	1 000 mL 水加 80 mg 硫代硫酸钠，1～5℃冷藏，避光保存	14 d	1 000	—	—
					聚乙烯瓶			−20℃冷冻	30 d			
105	可萃取性石油烃（C_{10}～C_{40}）	水质 可萃取性石油烃（C_{10}～C_{40}）的测定 气相色谱法	HJ 894—2017	地表水、地下水、生活污水、工业废水和海水	具磨口塞的棕色玻璃瓶	—	盐酸溶液：1+1	加入 1+1 盐酸溶液酸化至 pH≤2，4℃冷藏保存	14 d 内完成萃取，40 d 内分析	1 000	—	0.01 mg/L

序号	测定项目	方法名称	方法依据	适用范围	采样容器	采样方法	固定剂	保存方法及保存剂用量	保存期	采样量/mL	容器洗涤	检出限
106	苦味酸	生活饮用水标准检验方法　有机物指标（气相色谱法）	GB/T 5750.8—2006（42.1）	生活饮用水及其水源水	玻璃或塑料容器	—	—	0～4℃冷藏保存	—	—	—	1 mg/L
107	乐果	水质　有机磷农药的测定　气相色谱法	GB/T 13192—1991	地面水、地下水及工业废水	玻璃磨口瓶	在采样前用水样将取样瓶冲洗 2～3 次	—	弱酸性状态下，4℃冷藏保存	3 d	1 000	—	3.8×10^{-9} g
		生活饮用水标准检验方法 农药指标（填充柱气相色谱法）	GB/T 5750.9—2006（4.1）	生活饮用水、水源水	硬质磨口玻璃瓶	—	—	冷藏保存	24 h	—	—	2.5 μg/L
		生活饮用水标准检验方法 农药指标（毛细管柱气相色谱法）	GB/T 5750.9—2006（4.2）	生活饮用水、水源水	硬质磨口玻璃瓶	—	—	冷藏保存	24 h	—	—	0.1 μg/L
		地表水和污水监测技术规范	HJ/T 91—2002	对江河、湖泊、水库和渠道的水质监测	硬质玻璃瓶	—	抗坏血酸	加入 0.01～0.02 g 抗坏血酸除去残余氯，0～4℃冷藏，避光保存	24 h	1 000	洗涤剂洗 1 次，自来水洗 3 次，蒸馏水洗 1 次	
		水质　样品的保存和管理技术规定	HJ 493—2009	天然水、生活污水及工业废水	硬质玻璃瓶（带聚四氟乙烯瓶盖）或塑料容器（适用于草甘膦）	不能用水样冲洗采样容器，不能水样充满容器	—	1～5℃冷藏保存	应在采样后 24 h 内完成萃取，萃取液保存 5 d	1 000～3 000	—	

序号	测定项目	方法名称	方法依据	适用范围	采样容器	采样方法	固定剂	保存方法及保存剂用量	保存期	采样量/mL	容器洗涤	检出限
108	联苯胺	水质　联苯胺的测定 高效液相色谱法	HJ 1017—2019	地表水、地下水、生活污水和工业废水	具磨口塞的棕色细口玻璃瓶或带聚四氟乙烯衬垫的棕色螺纹口玻璃瓶	采样前，向样品瓶中加入硫代硫酸钠，每500 mL 样品加入40 mg。采样时，应使样品充满采样瓶，不留液上空间	盐酸、氢氧化钠	如果样品的pH值不在6～9，用盐酸溶液或氢氧化钠溶液调节pH至6～9。采集的样品应在0～4℃冷藏、避光保存，5 d内萃取。萃取后的洗脱液在0～4℃冷藏、避光保存，4 d内分析完毕	5 d	500	—	0.006 μg/L
109	邻苯二甲酸二（2-乙基己基）酯	生活饮用水标准检验方法 有机物指标（气相色谱法）	GB/T 5750.8—2006（12.1）	生活饮用水及其水源水	磨口玻璃瓶	—	—	采集后的样品密封保存	在7 d内尽快萃取	—	—	2 μg/L
		地表水和污水监测技术规范	HJ/T 91—2002	对江河、湖泊、水库和渠道的水质监测	硬质玻璃瓶	—	抗坏血酸	加入0.01～0.02 g抗坏血酸除去残余氯，0～4℃冷藏，避光保存	24 h	1 000	洗涤剂洗1次，自来水洗3次，蒸馏水洗1次	—
		水质　样品的保存和管理技术规定	HJ 493—2009	天然水、生活污水及工业废水	硬质玻璃瓶	—	抗坏血酸	加入0.01～0.02 g抗坏血酸除去残余氯；1～5℃冷藏，避光保存	24 h	1 000	洗涤剂洗1次，自来水洗3次，蒸馏水洗1次	—
110	邻苯二甲酸二丁酯	水质　邻苯二甲酸二甲（二丁、二辛）酯的测定 液相色谱法	HJ/T 72—2001	水和废水	带玻璃磨口塞的细口瓶	在灌瓶前要把采样瓶用所需采用的水冲洗3次	盐酸溶液：1 mol/L 或氢氧化钠溶液：1 mol/L	用盐酸或氢氧化钠将pH调整到7.0左右，0～4℃冷藏保存	取样后7 d内进行萃取，30 d内完成分析	100	—	0.1 μg/L

序号	测定项目	方法名称	方法依据	适用范围	采样容器	采样方法	固定剂	保存方法及保存剂用量	保存期	采样量/mL	容器洗涤	检出限
110	邻苯二甲酸二丁酯	地表水和污水监测技术规范	HJ/T 91—2002	对江河、湖泊、水库和渠道的水质监测	硬质玻璃瓶	—	抗坏血酸	加入 0.01～0.02 g 抗坏血酸除去残余氯，0～4℃冷藏，避光保存	24 h	1 000	洗涤剂洗 1 次，自来水洗 3 次，蒸馏水洗 1 次	—
		水质 样品的保存和管理技术规定	HJ 493—2009	天然水、生活污水及工业废水	硬质玻璃瓶	—	抗坏血酸	加入 0.01～0.02 g 抗坏血酸除去残余氯；1～5℃冷藏，避光保存	24 h	1 000	洗涤剂洗 1 次，自来水洗 3 次，蒸馏水洗 1 次	—
111	邻苯二甲酸二甲酯	水质 邻苯二甲酸二甲（二丁、二辛）酯的测定 液相色谱法	HJ/T 72—2001	水和废水	带玻璃磨口塞的细口瓶	在灌瓶前要把采样瓶用所需采用的水冲洗 3 次	盐酸溶液：1 mol/L 或氢氧化钠溶液：1 mol/L	用盐酸或氢氧化钠将 pH 值调到 7 左右，0～4℃冷藏保存	7 d 内进行萃取，30 d 内完成分析	100	—	0.1 μg/L
		地表水和污水监测技术规范	HJ/T 91—2002	对江河、湖泊、水库和渠道的水质监测	硬质玻璃瓶	—	抗坏血酸	加入 0.01～0.02 g 抗坏血酸除去残余氯，0～4℃冷藏，避光保存	24 h	1 000	洗涤剂洗 1 次，自来水洗 3 次，蒸馏水洗 1 次	—
		水质 样品的保存和管理技术规定	HJ 493—2009	天然水、生活污水及工业废水	硬质玻璃瓶	—	抗坏血酸	加入 0.01～0.02 g 抗坏血酸除去残余氯；1～5℃冷藏，避光保存	24 h	1 000	洗涤剂洗 1 次，自来水洗 3 次，蒸馏水洗 1 次	—
112	邻苯二甲酸二辛酯	水质 邻苯二甲酸二甲（二丁、二辛）酯的测定 液相色谱法	HJ/T 72—2001	水和废水	带玻璃磨口塞的细口瓶	在灌瓶前要把采样瓶用所需采用的水冲洗 3 次	盐酸溶液：1 mol/L 或氢氧化钠溶液：1 mol/L	用盐酸或氢氧化钠将 pH 调整到 7.0 左右，0～4℃冷藏保存	取样后7 d 内进行萃取，30 d内完成分析	100	—	0.2 μg/L

序号	测定项目	方法名称	方法依据	适用范围	采样容器	采样方法	固定剂	保存方法及保存剂用量	保存期	采样量/mL	容器洗涤	检出限
112	邻苯二甲酸二辛酯	地表水和污水监测技术规范	HJ/T 91—2002	对江河、湖泊、水库和渠道的水质监测	硬质玻璃瓶	—	抗坏血酸	加入 0.01～0.02 g 抗坏血酸除去残余氯，0～4℃冷藏，避光保存	24 h	1 000	洗涤剂洗 1 次，自来水洗 3 次，蒸馏水洗 1 次	—
		水质 样品的保存和管理技术规定	HJ 493—2009	天然水、生活污水及工业废水	硬质玻璃瓶	—	抗坏血酸	加入 0.01～0.02 g 抗坏血酸除去残余氯；1～5℃冷藏，避光保存	24 h	1 000	洗涤剂洗 1 次，自来水洗 3 次，蒸馏水洗 1 次	—
113	邻-二硝基苯	水质 硝基苯类化合物的测定 气相色谱-质谱法	HJ 716—2014	地表水、地下水、工业废水、生活污水和海水	棕色具聚四氟乙烯衬垫的螺口玻璃瓶	采集样品时，不要用水样预洗采样瓶。水样应充满采样瓶并加盖密封	硫代硫酸钠	若水中有残余氯存在，要在每升水中加入 80 g 硫代硫酸钠除氯。4℃冷藏，避光保存	在 7 d 内完成萃取。40 d 内完成分析	1 000～4 000	—	液液萃取法：0.05 μg/L；固相萃取法：0.05 μg/L
		水质 硝基苯类化合物的测定 液液萃取/固相萃取-气相色谱法	HJ 648—2013	地表水、地下水、工业废水、生活污水和海水	—	—	—	—	—	—	—	液液萃取法：0.019 μg/L；固相萃取法：0.0039 μg/L
		生活饮用水标准检验方法 有机物指标（气相色谱法）	GB/T 5750.8—2006（31.1）	生活饮用水及其水源水	磨口玻璃瓶	用玻璃瓶采集水样，盖紧瓶塞	—	4℃冷藏保存	—	—	—	取 250 mL 水样时：0.2 mg/L；取 500 mL 水样时：0.1 mg/L

序号	测定项目	方法名称	方法依据	适用范围	采样容器	采样方法	固定剂	保存方法及保存剂用量	保存期	采样量/mL	容器洗涤	检出限
114	邻-硝基甲苯	水质 硝基苯类化合物的测定 气相色谱-质谱法	HJ 716—2014	地表水、地下水、工业废水、生活污水和海水	棕色具聚四氟乙烯衬垫的螺口玻璃瓶	采集样品时，不要用水样预洗采样瓶。水样应充满采样瓶并加盖密封	硫代硫酸钠	若水中有残余氯存在，要在每升水中加入 80 g 硫代硫酸钠除氯。4℃冷藏，避光保存	在 7 d 内完成萃取。40 d 内完成分析	1 000～4 000	—	液液萃取法：0.04 μg/L；固相萃取法：0.04 μg/L
		水质 硝基苯类化合物的测定 液液萃取/固相萃取-气相色谱法	HJ 648—2013	地表水、地下水、工业废水、生活污水和海水	—	—	—	—	—	—	—	液液萃取法：0.20 μg/L；固相萃取法：0.045 μg/L
115	邻-硝基氯苯	水质 硝基苯类化合物的测定 气相色谱-质谱法	HJ 716—2014	地表水、地下水、工业废水、生活污水和海水	棕色具聚四氟乙烯衬垫的螺口玻璃瓶	采集样品时，不要用水样预洗采样瓶。水样应充满采样瓶并加盖密封	硫代硫酸钠	若水中有残余氯存在，要在每升水中加入 80 g 硫代硫酸钠除氯。4℃冷藏，避光保存	在 7 d 内完成萃取。40 d 内完成分析	1 000～4 000	—	液液萃取法：0.05 μg/L；固相萃取法：0.04 μg/L
		水质 硝基苯类化合物的测定 液液萃取/固相萃取-气相色谱法	HJ 648—2013	地表水、地下水、工业废水、生活污水和海水	—	—	—	—	—	—	—	液液萃取法：0.017 μg/L；固相萃取法：0.0040 μg/L
		生活饮用水标准检验方法 有机物指标（气相色谱法）	GB/T 5750.8—2006（31.1）	生活饮用水及其水源水	磨口玻璃瓶	用玻璃瓶采集水样，盖紧瓶塞	—	4℃冷藏保存	—	—	—	取 250 mL 水样时：0.04 mg/L；取 500 mL 水样时：0.02 mg/L

序号	测定项目	方法名称	方法依据	适用范围	采样容器	采样方法	固定剂	保存方法及保存剂用量	保存期	采样量/mL	容器洗涤	检出限
116	林丹	水质　六六六、滴滴涕的测定　气相色谱法	GB/T 7492—1987	地面水、地下水及部分污水	玻璃细口瓶，具磨口瓶塞	在灌瓶前要把采样瓶用所需采用的水冲洗2～3次	—	4℃冷藏保存	不多于7 d	1 000	—	—
		水质　有机氯农药和氯苯类化合物的测定　气相色谱-质谱法	HJ 699—2014	地表水、地下水、生活污水、工业废水和海水	带玻璃塞的棕色磨口瓶或具有聚四氟乙烯衬垫的棕色螺口玻璃瓶	—	盐酸溶液：1+1	样品采集后立即用1+1盐酸溶液调节pH＜2，0～4℃冷藏保存，7 d内完成萃取；萃取液在40 d内完成分析	40 d	—	—	液液萃取法：0.025 μg/L；固相萃取法：0.022 μg/L
		生活饮用水标准检验方法　农药指标（填充柱气相色谱法）	GB/T 5750.9—2006（1.1）	生活饮用水及其水源水	磨口玻璃瓶	—	—	4℃冷藏保存	—	—	—	0.008 μg/L
		生活饮用水标准检验方法　农药指标（毛细管柱气相色谱法）	GB/T 5750.9—2006（1.2）	生活饮用水及其水源水	磨口玻璃瓶	—	—	4℃冷藏保存	—	—	—	0.01 μg/L
117	六六六	水质　六六六、滴滴涕的测定　气相色谱法	GB/T 7492—1987	地面水、地下水及部分污水	玻璃细口瓶，具磨口瓶塞	在灌瓶前要把采样瓶用所需采用的水冲洗2～3次	—	4℃冷藏保存	不多于7 d	1 000	—	—
		水质　有机氯农药和氯苯类化合物的测定　气相色谱-质谱法	HJ 699—2014	地表水、地下水、生活污水、工业废水和海水	带玻璃塞的棕色磨口瓶或具有聚四氟乙烯衬垫的棕色螺口玻璃瓶	—	盐酸溶液：1+1	样品采集后立即用1+1盐酸溶液调节pH＜2，4℃冷藏保存，7 d内完成萃取；萃取液在40 d内完成分析	40 d	—	—	液液萃取法：0.025～0.060 μg/L；固相萃取法：0.022～0.034 μg/L
		生活饮用水标准检验方法　农药指标（填充柱气相色谱法）	GB/T 5750.9—2006（1.1）	生活饮用水及其水源水	磨口玻璃瓶	—	—	4℃冷藏保存	—	—	—	0.008 μg/L
		生活饮用水标准检验方法　农药指标（毛细管柱气相色谱法）	GB/T 5750.9—2006（1.2）	生活饮用水及其水源水	磨口玻璃瓶	—	—	4℃冷藏保存	—	—	—	0.01 μg/L

序号	测定项目	方法名称	方法依据	适用范围	采样容器	采样方法	固定剂	保存方法及保存剂用量	保存期	采样量/mL	容器洗涤	检出限
118	六氯苯	水质　氯苯类化合物的测定　气相色谱法	HJ 621—2011	地表水、地下水、饮用水、海水、工业废水和生活污水	棕色玻璃瓶	样品充满采样瓶。用内衬聚四氟乙烯硅胶垫（或铝箔垫）的瓶盖密封	浓硫酸	采样时每升水样中加入 1.0 mL 浓硫酸，于 2～5℃冷藏保存	7 d	1 000	—	0.003 μg/L
		水质　有机氯农药和氯苯类化合物的测定　气相色谱-质谱法	HJ 699—2014	地表水、地下水、生活污水、工业废水和海水	带玻璃塞的棕色磨口瓶或具有聚四氟乙烯衬垫的棕色螺口玻璃瓶	—	盐酸溶液：1+1	样品采集后立即用 1+1 盐酸溶液调节 pH<2，4℃冷藏保存	7 d 内完成萃取；萃取液在 40 d 内完成分析	—	—	液液萃取法：0.043 μg/L；固相萃取法：0.026 μg/L
		生活饮用水标准检验方法 有机物指标（气相色谱法）	GB/T 5750.8—2006（24.1）	生活饮用水及其水源水	磨口塞玻璃瓶	—	硫酸	每升水样中加入 1 mL 硫酸，并置于 4℃冷藏保存	保存期 4 d。经过萃取处理后的试样在 4℃冰箱内保存 40 d	—	—	0.02 μg/L

序号	测定项目	方法名称	方法依据	适用范围	采样容器	采样方法	固定剂	保存方法及保存剂用量	保存期	采样量/mL	容器洗涤	检出限
119	六氯丁二烯	水质 挥发性有机物的测定吹扫捕集/气相色谱法	HJ 686—2014	地表水、地下水、生活污水和工业废水中挥发性有机物的测定	棕色玻璃瓶，螺旋盖（带聚四氟乙烯涂层密封垫）	所有样品均采集平行双样，每批样品带一个全程序空白和一个运输空白，样品采集时不需用水样荡洗	盐酸溶液（无余氯样品）；抗坏血酸+盐酸（有余氯样品）	无余氯样品：0.5 mL 盐酸溶液，4℃冷藏保存；有余氯样品：加入约 25 mg 抗坏血酸，再加 0.5 mL 盐酸溶液，4℃冷藏保存	14 d	40	—	0.1 μg/L
		水质 挥发性有机物的测定 吹扫捕集/气相色谱-质谱法	HJ 639—2012	海水、地下水、地表水、生活污水和工业废水	40 mL 棕色玻璃瓶，具硅橡胶-聚四氟乙烯衬垫螺旋盖	水样在样品瓶中溢流而不留空间。取样时应尽量避免或减少样品在空气中暴露。所有样品均采集平行双样，每批样品带一个全程序空白和一个运输空白。采样时不需用样品进行荡洗	抗坏血酸+盐酸	每 40 mL 样品需加入 25 mg 的抗坏血酸；若样品中总余氯的量超过 5 mg/L，总余氯每超过 5 mg/L，需要多加 25 mg 的抗坏血酸。采样时，水样呈中性时向每个样品瓶中加入 0.5 mL 盐酸溶液，拧紧瓶盖；水样呈碱性时应加入适量盐酸溶液使样品 pH≤2，4℃冷藏保存	14 d	40	样品瓶应在采样前用甲醇清洗	全扫描模式（SCAN）：0.6 μg/L；选择离子扫描模式（SIM）：0.4 μg/L
							—	当水样加盐酸溶液后产生大量气泡时，应弃去该样品，重新采集样品。重新采集的样品不应加盐酸溶液，样品标签上应注明未酸化，4℃冷藏保存	24 h			

序号	测定项目	方法名称	方法依据	适用范围	采样容器	采样方法	固定剂	保存方法及保存剂用量	保存期	采样量/mL	容器洗涤	检出限
119	六氯丁二烯	水质　挥发性有机物的测定　顶空/气相色谱-质谱法	HJ 810—2016	地表水、地下水、生活污水、工业废水和海水	40 mL 棕色玻璃瓶，具硅橡胶-聚四氟乙烯衬垫螺旋盖	采集样品时，不宜用水样进行荡洗，应使水样在样品瓶中溢流且不留空间	抗坏血酸+盐酸	若水样中含有余氯，采样前，应向 40 mL 棕色采样瓶中加入 25 mg 的抗坏血酸。若水样中余氯含量超过 5 mg/L，应按比例增加抗坏血酸的加入量，余氯含量每增加 5 mg/L，则应多加入 25 mg 的抗坏血酸。样品采集后，应立即加入适量盐酸溶液，使样品 pH≤2，拧紧瓶盖，0～4℃冷藏，避光和密封保存	14 d	40	—	全扫描模式（SCAN）：7 μg/L；选择离子扫描模式（SIM）：0.6 μg/L
							—	当水样加盐酸溶液后有气泡产生，须重新采样，重新采集的样品不加盐酸溶液保存，样品标签上应注明未酸化	24 h			
		水质　挥发性卤代烃的测定　顶空气相色谱法	HJ 620—2011	地表水、地下水、饮用水、海水、工业废水和生活污水	具聚四氟乙烯衬垫和实心螺旋盖	采样时样品沿瓶壁注入，防止气泡产生，水样充满后不留液上空间。所有样品均采集平行样	抗坏血酸或硫代硫酸钠	如果水样含有余氯，向采样瓶中加入 0.3～0.5 g 抗坏血酸或硫代硫酸钠。4℃左右冷藏保存	7 d 内完成分析	40	—	0.02 μg/L
		生活饮用水标准检验方法 有机物指标（气相色谱法）	GB/T 5750.8—2006（44）	生活饮用水及其水源水	磨口玻璃瓶	—	—	—	在 48 h 内萃取	—	—	0.1 μg/L

序号	测定项目	方法名称	方法依据	适用范围	采样容器	采样方法	固定剂	保存方法及保存剂用量	保存期	采样量/mL	容器洗涤	检出限
119	六氯丁二烯	生活饮用水标准检验方法 有机物指标(附录A 吹脱捕集/气相色谱-质谱法测定挥发性有机化合物)	GB/T 5750.8—2006（附录A）	生活饮用水、水源地表水和地下水	40 mL 棕色玻璃瓶附螺旋盖及聚四氟乙烯垫片	水样在瓶中溢流出而不流气泡；若从开放的水体中采样，先用1 L的广口瓶或烧杯从有代表性的区域中采样，再把水样从广口瓶或烧杯中倒入样品瓶中。所有样品均采集平行样，每批样品要带一个现场空白	盐酸溶液（无余氯样品）；抗坏血酸+盐酸（有余氯样品）	不含余氯的样品和现场空白，每40 mL水样中加4滴4 mol/L的盐酸做固定剂，4℃冷藏保存。 含余氯的样品和现场空白，在样品瓶中先加入抗坏血酸（每40 mL水样中加25 mg），待样品瓶中充满水样并溢流后，每20 mL样品中加入1滴4 mol/L盐酸调节样品pH＜2，4℃冷藏保存	14 d	40	—	0.11 μg/L
		地表水和污水监测技术规范	HJ/T 91—2002	对江河、湖泊、水库和渠道的水质监测	硬质玻璃瓶	—	盐酸+抗坏血酸	用1+10盐酸调至pH=2，加入0.01～0.02 g抗坏血酸除去残余氯，0～4℃冷藏，避光保存	12 h	1 000	洗涤剂洗1次，自来水洗3次，蒸馏水洗1次	—
		水质　样品的保存和管理技术规定	HJ 493—2009	天然水、生活污水及工业废水	硬质玻璃瓶	—	盐酸+抗坏血酸	用1+10盐酸调至pH≤2，加入0.01～0.02 g抗坏血酸除去残余氯；1～5℃冷藏，避光保存	12 h	1 000	—	—
120	卤代乙酸类化合物	水质 卤代乙酸类化合物的测定 气相色谱法	HJ 758—2015	地表水、地下水、生活污水和工业废水	棕色玻璃瓶	加入水样后，盖好塞子，振荡混匀。每批样品至少应采集一个全程序空白	10 mg/mL氯化铵溶液：10 mg/mL	按每100 mL水样加1.0 mL氯化铵溶液的比例，使水样中氯化铵含量约为100 mg/L。4℃冷藏、避光保存。14 d内萃取，样品萃取衍生液在4℃冷藏保存不能超过7 d	14 d	100	—	2 μg/L

序号	测定项目	方法名称	方法依据	适用范围	采样容器	采样方法	固定剂	保存方法及保存剂月量	保存期	采样量/mL	容器洗涤	检出限
121	氯苯	水质 挥发性有机物的测定 吹扫捕集/气相色谱-质谱法	HJ 639—2012	海水、地下水、地表水、生活污水和工业废水	40 mL 棕色玻璃瓶，具硅橡胶-聚四氟乙烯衬垫螺旋盖	水样在样品瓶中溢流而不留空间。取样时应尽量避免或减少样品在空气中暴露。所有样品均采集平行双样，每批样品带一个全程序空白和一个运输空白。采样时不需用样品进行荡洗	抗坏血酸+盐酸	每 40 mL 样品需加入 25 mg 的抗坏血酸；若样品中总余氯的量超过 5 mg/L，总余氯每超过 5 mg/L，需要多加 25 mg 的抗坏血酸。采样时，水样呈中性时向每个样品瓶中加入 0.5 mL 盐酸溶液，拧紧瓶盖；水样呈碱性时应加入适量盐酸溶液使样品 pH≤2，4℃冷藏保存	14 d	40	样品瓶应在采样前用甲醇清洗	全扫描模式（SCAN）：1.0 μg/L；选择离子扫描模式（SIM）：0.2 μg/L
		水质 挥发性有机物的测定 吹扫捕集/气相色谱-质谱法	HJ 639—2012	海水、地下水、地表水、生活污水和工业废水	40 mL 棕色玻璃瓶，具硅橡胶-聚四氟乙烯衬垫螺旋盖	水样在样品瓶中溢流而不留空间。取样时应尽量避免或减少样品在空气中暴露。所有样品均采集平行双样，每批样品带一个全程序空白和一个运输空白。采样时不需用样品进行荡洗	—	当水样加盐酸溶液后产生大量气泡时，应弃去该样品，重新采集样品。重新采集的样品不应加盐酸溶液，样品标签上应注明未酸化，4℃冷藏保存	24 h	40	样品瓶应在采样前用甲醇清洗	全扫描模式（SCAN）：1.0 μg/L；选择离子扫描模式（SIM）：0.2 μg/L

序号	测定项目	方法名称	方法依据	适用范围	采样容器	采样方法	固定剂	保存方法及保存剂用量	保存期	采样量/mL	容器洗涤	检出限
121	氯苯	水质 挥发性有机物的测定 顶空/气相色谱-质谱法	HJ 810—2016	地表水、地下水、生活污水、工业废水和海水	40 mL 棕色玻璃瓶，具硅橡胶-聚四氟乙烯衬垫螺旋盖	采集样品时，不宜用水样进行荡洗，应使水样在样品瓶中溢流且不留空间	抗坏血酸+盐酸	若水样中含有余氯，采样前，应向 40 mL 棕色采样瓶中加入 25 mg 的抗坏血酸。若水样中余氯含量超过 5 mg/L，应按比例增加抗坏血酸的加入量，余氯含量每增加 5 mg/L，则应多加入 25 mg 的抗坏血酸。样品采集后，应立即加入适量盐酸溶液，使样品 pH≤2，拧紧瓶盖，0～4℃冷藏，避光和密封保存	14 d	40	—	全扫描模式（SCAN）：4 μg/L；选择离子扫描模式（SIM）：1.0 μg/L
							—	当水样加盐酸溶液后有气泡产生，须重新采样，重新采集的样品不加盐酸溶液保存，样品标签上应注明未酸化	24 h			
		水质 氯苯类化合物的测定 气相色谱法	HJ 621—2011	地表水、地下水、饮用水、海水、工业废水和生活污水	棕色玻璃瓶	样品充满采样瓶。用内衬聚四氟乙烯硅胶垫（或铝箔垫）的瓶盖密封	浓硫酸	采样时每升水样中加入 1.0 mL 浓硫酸，于 2～5℃冷藏保存	7 d	1 000	—	12 μg/L
		水质 氯苯的测定 气相色谱法	HJ/T 74—2001	地表水、地下水及废水	玻璃细口瓶，具磨口瓶塞	在采集前用水样将取样瓶洗涤 2～3 次，样品应充满瓶子，加盖密封，不得有气泡	—	2～5℃冷藏保存	不得多于 7 d	1 000	—	0.01 mg/L

序号	测定项目	方法名称	方法依据	适用范围	采样容器	采样方法	固定剂	保存方法及保存剂用量	保存期	采样量/mL	容器洗涤	检出限
121	氯苯	生活饮用水标准检验方法 有机物指标(附录A 吹脱捕集/气相色谱-质谱法测定挥发性有机化合物)	GB/T 5750.8—2006（附录A）	生活饮用水、水源地表水和地下水	40 mL 棕色玻璃瓶附螺旋盖及聚四氟乙烯垫片	水样在瓶中溢流出而不流气泡；若从开放的水体中采样，先用 1 L 的广口瓶或烧杯从有代表性的区域中采样，再把水样从广口瓶或烧杯中倒入样品瓶中。所有样品均采集平行样，每批样品要带一个现场空白	盐酸溶液（无余氯样品）；抗坏血酸+盐酸（有余氯样品）	不含余氯的样品和现场空白，每 40 mL 水样中加 4 滴 4 mol/L 的盐酸做固定剂，4℃冷藏保存。含余氯的样品和现场空白，在样品瓶中先加入抗坏血酸（每 40 mL 水样中加 25 mg），待样品瓶中充满水样并溢流后，每 20 mL 样品中加入 1 滴 4 mol/L 盐酸调节样品 pH＜2，0～4℃冷藏保存	14 d	40	—	0.04 μg/L
		地表水和污水监测技术规范	HJ/T 91—2002	对江河、湖泊、水库和渠道的水质监测	硬质玻璃瓶	—	盐酸+抗坏血酸	用 1+10 盐酸调至 pH=2，加入 0.01～0.02 g 抗坏血酸除去残余氯，0～4℃冷藏，避光保存	12 h	1 000	洗涤剂洗 1 次，自来水洗 3 次，蒸馏水洗 1 次	—
		水质 样品的保存和管理技术规定	HJ 493—2009	天然水、生活污水及工业废水	硬质玻璃瓶	—	盐酸+抗坏血酸	用 1+10 盐酸调至 pH≤2，加入 0.01～0.02 g 抗坏血酸除去残余氯，1～5℃冷藏，避光保存	12 h	1 000	—	—
122	氯苯类化合物	水质 氯苯类化合物的测定 气相色谱法	HJ 621—2011	地表水、地下水、饮用水、海水、工业废水及生活污水	棕色玻璃瓶	用棕色玻璃瓶采集样品，使样品充满采样瓶。用内衬聚四氟乙烯硅胶垫（或铝箔垫）的瓶盖密封	浓硫酸	如当天不能分析，采样时每升水样中加入 1.0 mL 浓硫酸，2～5℃冷藏保存，7 d 内完成样品分析	7 d	1 000	—	0.003～12 μg/L
		水质 有机氯农药和氯苯类化合物的测定 气相色谱-质谱法	HJ 699—2014	地表水、地下水、生活污水、工业废水和海水	带玻璃塞的棕色磨口瓶或具有聚四氟乙烯衬垫的棕色螺口玻璃瓶	用具有玻璃塞的棕色磨口瓶或具有聚四氟乙烯衬垫的棕色螺口玻璃瓶采集样品。样品采集后立即用盐酸溶液调节 pH＜2	盐酸	4℃冷藏保存，7 d 内萃取，40 d 内完成分析	40 d	500	—	液液萃取法：0.25～0.60 μg/L；固相萃取法：0.21～0.69 μg/L

序号	测定项目	方法名称	方法依据	适用范围	采样容器	采样方法	固定剂	保存方法及保存剂用量	保存期	采样量/mL	容器洗涤	检出限
123	氯丁二烯	水质 挥发性有机物的测定 吹扫捕集/气相色谱法	HJ 686—2014	地表水、地下水、生活污水和工业废水中挥发性有机物的测定	棕色玻璃瓶，螺旋盖（带聚四氟乙烯涂层密封垫）	所有样品均采集平行双样，每批样品带一个全程序空白和一个运输空白，样品采集时不需用水样荡洗	盐酸溶液（无余氯样品）；抗坏血酸+盐酸（有余氯样品）	无余氯样品：0.5 mL 盐酸溶液，4℃冷藏保存；有余氯样品：加入约 25 mg 抗坏血酸，再加 0.5 mL 盐酸溶液，4℃冷藏保存	14 d	40	—	0.1 μg/L
		水质 挥发性有机物的测定 吹扫捕集/气相色谱-质谱法	HJ 639—2012	海水、地下水、地表水、生活污水和工业废水	40 mL 棕色玻璃瓶，具硅橡胶-聚四氟乙烯衬垫螺旋盖	水样在样品瓶中溢流而不留空间。取样时应尽量避免或减少样品在空气中暴露。所有样品均采集平行双样，每批样品带一个全程序空白和一个运输空白。采样时不需用样品进行荡洗	抗坏血酸+盐酸	每 40 mL 样品需加入 25 mg 的抗坏血酸；若样品中总余氯的量超过 5 mg/L，总余氯每超过 5 mg/L，需要多加 25 mg 的抗坏血酸。采样时，水样呈中性时向每个样品瓶中加入 0.5 mL 盐酸溶液，拧紧瓶盖；水样呈碱性时应加入适量盐酸溶液使样品 pH≤2，4℃冷藏保存	14 d	40	样品瓶应在采样前用甲醇清洗	全扫描模式（SCAN）：1.5 μg/L；选择离子扫描模式（SIM）：0.5 μg/L
							—	当水样加盐酸溶液后产生大量气泡时，应弃去该样品，重新采集样品。重新采集的样品不应加盐酸溶液，样品标签上应注明未酸化，4℃冷藏保存	24 h			
		水质 挥发性卤代烃的测定 顶空气相色谱法	HJ 620—2011	地表水、地下水、饮用水、海水、工业废水和生活污水	具聚四氟乙烯衬垫和实心螺旋盖	采样时样品沿瓶壁注入，防止气泡产生，水样充满后不留液上空间。所有样品均采集平行样	抗坏血酸或硫代硫酸钠	如果水样含有余氯，向采样瓶中加入 0.3～0.5 g 抗坏血酸或硫代硫酸钠。4℃左右冷藏保存	7 d 内完成分析	40	—	0.36 μg/L
		生活饮用水标准检验方法 有机物指标（顶空气相色谱法）	GB/T 5750.8—2006（34.1）	生活饮用水及其水源水	顶空瓶	—	—	低温保存	—	100	—	0.002 mg/L

序号	测定项目	方法名称	方法依据	适用范围	采样容器	采样方法	固定剂	保存方法及保存剂用量	保存期	采样量/mL	容器洗涤	检出限
123	氯丁二烯	地表水和污水监测技术规范	HJ/T 91—2002	对江河、湖泊、水库和渠道的水质监测	硬质玻璃瓶	—	盐酸+抗坏血酸	用 1+10 盐酸调至 pH=2，加入 0.01～0.02 g 抗坏血酸除去残余氯，0～4℃冷藏，避光保存	12 h	1 000	洗涤剂洗 1 次，自来水洗 3 次，蒸馏水洗 1 次	—
		水质 样品的保存和管理技术规定	HJ 493—2009	天然水、生活污水及工业废水	硬质玻璃瓶	—	盐酸+抗坏血酸	用 1+10 盐酸调至 pH≤2，加入 0.01～0.02 g 抗坏血酸除去残余氯；1～5℃冷藏，避光保存	12 h	1 000	—	—
124	氯乙烯	水质 挥发性有机物的测定 吹扫捕集/气相色谱-质谱法	HJ 639—2012	海水、地下水、地表水、生活污水和工业废水	40 mL 棕色玻璃瓶，具硅橡胶-聚四氟乙烯衬垫螺旋盖	水样在样品瓶中溢流而不留空间。取样时应尽量避免或减少样品在空气中暴露。所有样品均采集平行双样，每批样品带一个全程序空白和一个运输空白。采样时不需用样品进行荡洗	抗坏血酸+盐酸	每 40 mL 样品需加入 25 mg 的抗坏血酸；若样品中总余氯的量超过 5 mg/L，总余氯每超过 5 mg/L，需要多加 25 mg 的抗坏血酸。采样时，水样呈中性时向每个样品瓶中加入 0.5 mL 盐酸溶液，拧紧瓶盖；水样呈碱性时应加入适量盐酸溶液使样品 pH≤2，4℃冷藏保存	14 d	40	样品瓶应在采样前用甲醇清洗	全扫描模式（SCAN）：1.5 μg/L；选择离子扫描模式（SIM）：0.5 μg/L
							—	当水样加盐酸溶液后产生大量气泡时，应弃去该样品，重新采集样品。重新采集的样品不应加盐酸溶液，样品标签上应注明未酸化，4℃冷藏保存	24 h			

序号	测定项目	方法名称	方法依据	适用范围	采样容器	采样方法	固定剂	保存方法及保存剂用量	保存期	采样量/mL	容器洗涤	检出限
124	氯乙烯	水质 挥发性有机物的测定 顶空/气相色谱-质谱法	HJ 810—2016	地表水、地下水、生活污水、工业废水和海水	40 mL 棕色玻璃瓶，具硅橡胶-聚四氟乙烯衬垫螺旋盖	采集样品时，不宜用水样进行荡洗，应使水样在样品瓶中溢流且不留空间	抗坏血酸+盐酸	若水样中含有余氯，采样前，应向 40 mL 棕色采样瓶中加入 25 mg 的抗坏血酸。若水样中余氯含量超过 5 mg/L，应按比例增加抗坏血酸的加入量，余氯含量每增加 5 mg/L，则应多加入 25 mg 的抗坏血酸。样品采集后，应立即加入适量盐酸溶液，使样品 pH≤2，拧紧瓶盖，0～4℃冷藏，避光和密封保存	14 d	40	—	全扫描模式（SCAN）：5 μg/L；选择离子扫描模式（SIM）：0.7 μg/L
							—	当水样加盐酸溶液后有气泡产生，须重新采样，重新采集的样品不加盐酸溶液保存，样品标签上应注明未酸化	24 h			
		生活饮用水标准检验方法 有机物指标（填充柱气相色谱法）	GB/T 5750.8—2006（4.1）	生活饮用水及其水源水	使用前 120℃烘烤 2 h	现场采集满瓶，盖紧密封	*N,N*-二甲基乙酰胺（DMA）	按 1%的比例加入 *N,N*-二甲基乙酰胺（DMA），0～4℃冷藏保存	48 h	100	—	1 μg/L
		生活饮用水标准检验方法 有机物指标（毛细管柱气相色谱法）	GB/T 5750.8—2006（4.2）	生活饮用水及其水源水	使用前 100℃烘烤 2 h	现场采集满瓶，盖紧密封	*N,N*-二甲基乙酰胺（DMA）	按 1%的比例加入 *N,N*-二甲基乙酰胺（DMA），0～4℃冷藏保存	48 h	20	—	1 μg/L

序号	测定项目	方法名称	方法依据	适用范围	采样容器	采样方法	固定剂	保存方法及保存剂用量	保存期	采样量/mL	容器洗涤	检出限
124	氯乙烯	生活饮用水标准检验方法 有机物指标(附录A 吹脱捕集/气相色谱-质谱法测定挥发性有机化合物)	GB/T 5750.8—2006（附录 A）	生活饮用水、水源地表水和地下水	40 mL 棕色玻璃瓶附螺旋盖及聚四氟乙烯垫片	水样在瓶中溢流出而不流气泡；若从开放的水体中采样，先用 1 L 的广口瓶或烧杯从有代表性的区域中采样，再把水样从广口瓶或烧杯中倒入样品瓶中。所有样品均采集平行样，每批样品要带一个现场空白	盐酸溶液（无余氯样品）；抗坏血酸+盐酸（有余氯样品）	不含余氯的样品和现场空白，每 40 mL 水样中加 4 滴 4 mol/L 的盐酸做固定剂，4℃冷藏保存。含余氯的样品和现场空白，在样品瓶中先加入抗坏血酸（每 40 mL 水样中加 25 mg），待样品瓶中充满水样并溢流后，每 20 mL 样品中加入 1 滴 4 mol/L 盐酸调节样品 pH＜2，4℃冷藏保存	14 d	40	—	0.04 μg/L
		地表水和污水监测技术规范	HJ/T 91—2002	对江河、湖泊、水库和渠道的水质监测	硬质玻璃瓶	—	盐酸+抗坏血酸	用 1+10 盐酸调至 pH=2，加入 0.01～0.02 g 抗坏血酸除去残余氯，0～4℃冷藏，避光保存	12 h	1 000	洗涤剂洗 1 次，自来水洗 3 次，蒸馏水洗 1 次	—
		水质 样品的保存和管理技术规定	HJ 493—2009	天然水、生活污水及工业废水	硬质玻璃瓶	—	盐酸+抗坏血酸	用 1+10 盐酸调至 pH≤2，加入 0.01～0.02 g 抗坏血酸除去残余氯；1～5℃冷藏，避光保存	12 h	1 000	—	—
125	马拉硫磷	水质 有机磷农药的测定 气相色谱法	GB/T 13192—1991	地面水、地下水及工业废水	磨口玻璃瓶	在采样前用水样将取样瓶冲洗 2～3 次	—	弱酸性状态下，4℃冷藏保存	3 d	1 000	—	4.3×10^{-9} g
		生活饮用水标准检验方法 农药指标（填充柱气相色谱法）	GB/T 5750.9—2006(4.1)	生活饮用水、水源水	硬质磨口玻璃瓶	—	—	冷藏保存	24 h	—	—	2.5 μg/L

序号	测定项目	方法名称	方法依据	适用范围	采样容器	采样方法	固定剂	保存方法及保存剂用量	保存期	采样量/mL	容器洗涤	检出限
125	马拉硫磷	生活饮用水标准检验方法 农药指标（毛细管柱气相色谱法）	GB/T 5750.9—2006(4.2)	生活饮用水、水源水	硬质磨口玻璃瓶	—	—	冷藏保存	24 h	—	—	0.1 μg/L
		地表水和污水监测技术规范	HJ/T 91—2002	对江河、湖泊、水库和渠道的水质监测	硬质玻璃瓶	—	抗坏血酸	加入 0.01～0.02 g 抗坏血酸除去残余氯，0～4℃冷藏，避光保存	24 h	1 000	洗涤剂洗 1 次，自来水洗 3 次，蒸馏水洗 1 次	—
		水质 样品的保存和管理技术规定	HJ 493—2009	天然水、生活污水及工业废水	硬质玻璃瓶（带聚四氟乙烯瓶盖）或塑料容器（适用于草甘膦）	不能用水样冲洗采样容器，不能水样充满容器	—	1～5℃冷藏保存	应在采样后 24 h 内完成萃取，萃取液保存 5 d	1 000～3 000	—	—
126	灭多威	水质 灭多威和灭多威肟的测定 液相色谱法	HJ 851—2017	地表水、地下水、生活污水和工业废水	具磨口塞的棕色玻璃细口瓶	—	盐酸溶液：0.1 mol/L 或氢氧化钠溶液：0.1 mol/L	样品采集后用 0.1 mol/L 盐酸或 0.1 mol/L 氢氧化钠溶液调至 pH 值为 4～6，避光保存	在 8 d 内分析完毕	100	—	1 μg/L
127	灭多威肟	水质 灭多威和灭多威肟的测定 液相色谱法	HJ 851—2017	地表水、地下水、生活污水和工业废水	具磨口塞的棕色玻璃细口瓶	—	盐酸溶液：0.1 mol/L 或氢氧化钠溶液：0.1 mol/L	样品采集后用 0.1 mol/L 盐酸或 0.1 mol/L 氢氧化钠溶液调至 pH 值为 4～6，避光保存	在 8 d 内分析完毕	100	—	1 μg/L

序号	测定项目	方法名称	方法依据	适用范围	采样容器	采样方法	固定剂	保存方法及保存剂用量	保存期	采样量/mL	容器洗涤	检出限
128	萘	水质 多环芳烃的测定 液液萃取和固相萃取高效液相色谱法	HJ 478—2009	饮用水、地下水、地表水、海水、工业废水及生活污水	具磨口塞的棕色玻璃细口瓶	采样前不能用水样预洗采样瓶，以防止样品的沾染或吸附。采样瓶要完全注满，不留气泡	硫代硫酸钠（有余氯样品）	若水中有残余氯存在，要在每升水中加入 80 g 硫代硫酸钠除氯。4℃冷藏，避光保存	在 7 d 内萃取。萃取后的样品应避光于 4℃以下冷藏，在 40 d 内分析完毕	1 000 或 2 000	样品必须采集在预先洗净烘干的采样瓶中	荧光检测器：0.011 μg/L；紫外检测器：0.012 μg/L
		水质 挥发性有机物的测定 吹扫捕集/气相色谱-质谱法	HJ 639—2012	海水、地下水、地表水、生活污水和工业废水	40 mL 棕色玻璃瓶，具硅橡胶-聚四氟乙烯衬垫螺旋盖	水样在样品瓶中溢流而不留空间。取样时应尽量避免或减少样品在空气中暴露。所有样品均采集平行双样，每批样品带一个全程序空白和一个运输空白。采样时不需用样品进行荡洗	抗坏血酸+盐酸	每 40 mL 样品需加入 25 mg 的抗坏血酸；若样品中总余氯的量超过 5 mg/L，总余氯每超过 5 mg/L，需要多加 25 mg 的抗坏血酸。采样时，水样呈中性时向每个样品瓶中加入 0.5 mL 盐酸溶液，拧紧瓶盖；水样呈碱性时应加入适量盐酸溶液使样品 pH≤2，4℃冷藏保存	14 d	40	样品瓶应在采样前用甲醇清洗	全扫描模式（SCAN）：1.0 μg/L；选择离子扫描模式（SIM）：0.4 μg/L
							—	当水样加盐酸溶液后产生大量气泡时，应弃去该样品，重新采集样品。重新采集的样品不应加盐酸溶液，样品标签上应注明未酸化，4℃冷藏保存	24 h			

序号	测定项目	方法名称	方法依据	适用范围	采样容器	采样方法	固定剂	保存方法及保存剂用量	保存期	采样量/mL	容器洗涤	检出限
128	萘	水质 挥发性有机物的测定 顶空/气相色谱-质谱法	HJ 810—2016	地表水、地下水、生活污水、工业废水和海水	40 mL 棕色玻璃瓶，具硅橡胶-聚四氟乙烯衬垫螺旋盖	采集样品时，不宜用水样进行荡洗，应使水样在样品瓶中溢流且不留空间	抗坏血酸+盐酸	若水样中含有余氯，采样前，应向 40 mL 棕色采样瓶中加入 25 mg 的抗坏血酸。若水样中余氯含量超过 5 mg/L，应按比例增加抗坏血酸的加入量，余氯含量每增加 5 mg/L，则应多加入 25 mg 的抗坏血酸。样品采集后，应立即加入适量盐酸溶液，使样品 pH≤2，拧紧瓶盖，0～4℃冷藏，避光和密封保存	14 d	40	—	全扫描模式（SCAN）：8 μg/L；选择离子扫描模式(SIM)：0.6 μg/L
							—	当水样加盐酸溶液后有气泡产生，须重新采样，重新采集的样品不加盐酸溶液保存，样品标签上应注明未酸化，4℃冷藏保存	24 h			
		生活饮用水标准检验方法 有机物指标(附录A 吹脱捕集/气相色谱-质谱法测定挥发性有机化合物)	GB/T 5750.8—2006（附录 A）	生活饮用水、水源地表水和地下水	40 mL 棕色玻璃瓶附螺旋盖及聚四氟乙烯垫片	水样在瓶中溢流出而不流气泡；若从开放的水体中采样，先用 1 L 的广口瓶或烧杯从有代表性的区域中采样，再把水样从广口瓶或烧杯中倒入样品瓶中。所有样品均采集平行样，每批样品要带一个现场空白	盐酸溶液（无余氯样品）；抗坏血酸+盐酸（有余氯样品）	不含余氯的样品和现场空白，每 40 mL 水样中加 4 滴 4 mol/L 的盐酸做固定剂，4℃冷藏保存。 含余氯的样品和现场空白，在样品瓶中先加入抗坏血酸（每 40 mL 水样中加 25 mg），待样品瓶中充满水样并溢流后，每 20 mL 样品中加入 1 滴 4 mol/L 盐酸调节样品 pH＜2，4℃冷藏保存	14 d	40	—	0.04 μg/L

序号	测定项目	方法名称	方法依据	适用范围	采样容器	采样方法	固定剂	保存方法及保存剂用量	保存期	采样量/mL	容器洗涤	检出限
128	萘	地表水和污水监测技术规范	HJ/T 91—2002	对江河、湖泊、水库和渠道的水质监测	硬质玻璃瓶	—	盐酸+抗坏血酸	用 1+10 盐酸 调至 pH=2，加入 0.01～0.02 g 抗坏血酸除去残余氯，0～4℃冷藏，避光保存	12 h	1 000	洗涤剂洗 1 次，自来水洗 3 次，蒸馏水洗 1 次	—
		水质 样品的保存和管理技术规定	HJ 493—2009	天然水、生活污水及工业废水	硬质玻璃瓶	—	盐酸+抗坏血酸	用 1+10 盐酸调至 pH≤2，加入 0.01～0.02 g 抗坏血酸除去残余氯；1～5℃避光保存	12 h	1 000	—	—
					硬质玻璃瓶溶剂洗，带聚四氟乙烯瓶盖	尽可能现场萃取。如果样品加氯，采样前 1 000 mL 样加 80 mg 硫代硫酸钠	—	1～5℃冷藏	7 d	500		
129	内吸磷	生活饮用水标准检验方法 农药指标（填充柱气相色谱法）	GB/T 5750.9—2006（4.1）	生活饮用水及其水源水	硬质磨口玻璃瓶	—	—	冷藏保存	24 h	—	—	2.5 μg/L
		生活饮用水标准检验方法 农药指标（毛细管柱气相色谱法）	GB/T 5750.9—2006（4.2）	生活饮用水、水源水	硬质磨口玻璃瓶	—	—	冷藏保存	24 h	—	—	0.1 μg/L
		地表水和污水监测技术规范	HJ/T 91—2002	对江河、湖泊、水库和渠道的水质监测	硬质玻璃瓶	—	抗坏血酸	加入 0.01～0.02 g 抗坏血酸除去残余氯，0～4℃冷藏，避光保存	24 h	1 000	洗涤剂洗 1 次，自来水洗 3 次，蒸馏水洗 1 次	—
		水质 样品的保存和管理技术规定	HJ 493—2009	天然水、生活污水及工业废水	硬质玻璃瓶（带聚四氟乙烯瓶盖）或塑料容器（适用于草甘膦）	不能用水样冲洗采样容器，不能水样充满容器	—	1～5℃冷藏保存	应在采样后 24 h 内完成萃取，萃取液保存 5 d	1 000～3 000	—	—

序号	测定项目	方法名称	方法依据	适用范围	采样容器	采样方法	固定剂	保存方法及保存剂用量	保存期	采样量/mL	容器洗涤	检出限
130	七氯	水质 有机氯农药和氯苯类化合物的测定 气相色谱-质谱法	HJ 699—2014	地表水、地下水、生活污水、工业废水和海水	带玻璃塞的棕色磨口瓶或具有聚四氟乙烯衬垫的棕色螺口玻璃瓶	—	盐酸溶液：1+1	用1+1盐酸溶液调节pH<2，4℃冷藏保存	7 d内完成萃取；萃取液在40 d内完成分析	—	—	液液萃取法：0.042 μg/L；固相萃取法：0.031 μg/L
		地表水和污水监测技术规范	HJ/T 91—2002	对江河、湖泊、水库和渠道的水质监测	硬质玻璃瓶	—	抗坏血酸	加入0.01～0.02 g抗坏血酸 除去残余氯，0～4℃冷藏，避光保存	24 h	1 000	洗涤剂洗1次，自来水洗3次，蒸馏水洗1次	—
		水质 样品的保存和管理技术规定	HJ 493—2009	天然水、生活污水及工业废水	硬质玻璃瓶（带聚四氟乙烯瓶盖）或塑料容器（适用于草甘膦）	不能用水样冲洗采样容器，不能水样充满容器	—	1～5℃冷藏保存	萃取应在采样后24 h内完成，萃取液5 d	1 000～3 000	—	—
					聚乙烯瓶或硬质玻璃瓶	水样充满容器	硝酸	用硝酸酸化，pH值为1～2；1～5℃冷藏，避光保存	5 d	1 000		
					聚乙烯瓶	—	—	−20℃冷冻	1个月	1 000		

序号	测定项目	方法名称	方法依据	适用范围	采样容器	采样方法	固定剂	保存方法及保存剂用量	保存期	采样量/mL	容器洗涤	检出限
131	三氯苯	生活饮用水标准检验方法 有机物指标（气相色谱法）	GB/T 5750.8—2006（24.1）	生活饮用水及其水源水	磨口塞玻璃瓶	—	硫酸	每升水样中加入 1 mL 硫酸，4℃冷藏保存	保存期4 d。经过萃取处理后的试样在 4℃冰箱内保存 40 d	—	—	0.04 μg/L
		水质 氯苯类化合物的测定 气相色谱法	HJ 621—2011	地表水、地下水、饮用水、海水、工业废水及生活污水	棕色玻璃瓶	用棕色玻璃容器，使样品充满采样瓶。用内衬聚四氟乙烯硅胶垫（或铝箔垫）的瓶盖密封	浓硫酸	如当天不能分析，采栏时每升水样中加入 1.0 mL 浓硫酸，2～5℃冷藏保存，7 d 内完成样品分析	7 d	1 000	—	0.23 μg/L
		水质 挥发性有机物的测定 吹扫捕集/气相色谱-质谱法	HJ 639—2012	海水、地下水、地表水、生活污水和工业废水	样品瓶：40 mL 棕色玻璃瓶，具硅橡胶-聚四氟乙烯衬垫螺旋盖	采样前，需要向每个样品瓶中加入抗坏血酸，采样时，水样呈中性时向每个样品瓶中加入 0.5 mL 盐酸溶液	盐酸	样品采集后冷藏运输。运回实验室后应立即放入冰箱中，在 0～4℃冷藏保存，14 d	14 d	40	—	0.8 μg/L
		水质 有机氯农药和氯苯类化合物的测定 气相色谱-质谱法	HJ 699—2014	地表水、地下水、生活污水、工业废水和海水	带玻璃塞的棕色磨口瓶或具有聚四氟乙烯衬垫的棕色螺口玻璃瓶	用具有玻璃塞的棕色磨口瓶或具有聚四氟乙烯衬垫的棕色螺口玻璃瓶采集样品。样品采集后立即用盐酸溶液调节 pH<2	盐酸	4℃冷藏保存，7 d 内萃取，40 d 内完成分析	40 d	500	—	0.037 μg/L

序号	测定项目	方法名称	方法依据	适用范围	采样容器	采样方法	固定剂	保存方法及保存剂用量	保存期	采样量/mL	容器洗涤	检出限
131	三氯苯	水质 挥发性有机物的测定 顶空/气相色谱-质谱法	HJ 810—2016	地表水、地下水、生活污水、工业废水和海水	采样瓶：40 mL 棕色螺口玻璃瓶，具硅橡胶-聚四氟乙烯衬垫螺旋盖，放置于不含挥发性有机物的区域	若水样中含有余氯，采样前，应向 40 mL 棕色采样瓶中加 25 mg（精确至 0.001 g）抗坏血酸。若水样中余氯含量超过 5 mg/L，应按比例增加抗坏血酸的加入量，余氯含量每增加 5 mg/L，则应多加入 25 mg 抗坏血酸	盐酸	样品采集后，应立即加入适量盐酸溶液，使样品 pH≤2，拧紧瓶塞，贴上标签，立即放入冷藏箱中于 0～4℃冷藏运输	14 d	40	—	5 μg/L
132	三氯甲烷	水质 挥发性有机物的测定 吹扫捕集/气相色谱法	HJ 686—2014	地表水、地下水、生活污水和工业废水中挥发性有机物的测定	棕色玻璃瓶，螺旋盖（带聚四氟乙烯涂层密封垫）	所有样品均采集平行双样，每批样品带一个全程序空白和一个运输空白，样品采集时不需用水样荡洗	盐酸溶液（无余氯样品）；抗坏血酸+盐酸（有余氯样品）	无余氯样品：0.5 mL 盐酸溶液，4℃冷藏保存；有余氯样品：加入约 25 mg 抗坏血酸，再加 0.5 mL 盐酸溶液，4℃冷藏保存	14 d	40	—	0.1 μg/L
		水质 挥发性有机物的测定 吹扫捕集/气相色谱-质谱法	HJ 639—2012	海水、地下水、地表水、生活污水和工业废水	40 mL 棕色玻璃瓶，具硅橡胶-聚四氟乙烯衬垫螺旋盖	水样在样品瓶中溢流而不留空间。取样时应尽量避免或减少样品在空气中暴露。所有样品均采集平行双样，每批样品带一个全程序空白和一个运输空白。采样时不需用样品进行荡洗	抗坏血酸+盐酸	每 40 mL 样品需加入 25 mg 的抗坏血酸；若样品中总余氯的量超过 5 mg/L，总余氯每超过 5 mg/L，需要多加 25 mg 的抗坏血酸。采样时，水样呈中性时向每个样品瓶中加入 0.5 mL 盐酸溶液，拧紧瓶盖；水样呈碱性时应加入适量盐酸溶液使样品 pH≤2，4℃冷藏保存	14 d	40	样品瓶应在采样前用甲醇清洗	全扫描模式（SCAN）：1.4 μg/L；选择离子扫描模式（SIM）：0.4 μg/L
							—	当水样加盐酸溶液后产生大量气泡时，应弃去该样品，重新采集样品。重新采集的样品不应加盐酸溶液，样品标签上应注明未酸化，4℃冷藏保存	24 h			

序号	测定项目	方法名称	方法依据	适用范围	采样容器	采样方法	固定剂	保存方法及保存剂用量	保存期	采样量/mL	容器洗涤	检出限
132	三氯甲烷	水质 挥发性有机物的测定 顶空/气相色谱-质谱法	HJ 810—2016	地表水、地下水、生活污水、工业废水和海水	40 mL 棕色玻璃瓶，具硅橡胶-聚四氟乙烯衬垫螺旋盖	采集样品时，不宜用水样进行荡洗，应使水样在样品瓶中溢流且不留空间	抗坏血酸+盐酸	若水样中含有余氯，采样前，应向 40 mL 棕色采样瓶中加入 25 mg 的抗坏血酸。若水样中余氯含量超过 5 mg/L，应按比例增加抗坏血酸的加入量，余氯含量每增加 5 mg/L，则应多加入 25 mg 的抗坏血酸。样品采集后，应立即加入适量盐酸溶液，使样品 pH≤2，拧紧瓶盖，0～4℃冷藏，避光和密封保存	14 d	40	—	全扫描模式（SCAN）：3 μg/L；选择离子扫描模式（SIM）：1.1 μg/L
							—	当水样加盐酸溶液后有气泡产生，须重新采样，重新采集的样品不加盐酸溶液保存，样品标签上应注明未酸化	24 h			
		水质 挥发性卤代烃的测定 顶空气相色谱法	HJ 620—2011	地表水、地下水、饮用水、海水、工业废水和生活污水	具聚四氟乙烯衬垫和实心螺旋盖	采样时样品沿瓶壁注入，防止气泡产生，水样充满后不留液上空间。所有样品均采集平行样	抗坏血酸或硫代硫酸钠	如果水样含有余氯，向采样瓶中加入 0.3～0.5 g 抗坏血酸或硫代硫酸钠。4℃左右冷藏保存	7 d	40	—	0.03 μg/L
		生活饮用水标准检验方法 有机物指标（填充柱气相色谱法）	GB/T 5750.8—2006（1.1）	生活饮用水及其水源水	顶空瓶，使用前在 120℃烘烤 2 h	取水至满瓶，密封	抗坏血酸	采样时先加 0.3～0.5 g 抗坏血酸于顶空瓶内	24 h	150	—	0.6 μg/L
		生活饮用水标准检验方法 有机物指标（毛细管柱气相色谱法）	GB/T 5750.8—2006（1.2）	生活饮用水及其水源水	顶空瓶，使用前在 120℃烘烤 2 h	取水至满瓶，密封	抗坏血酸	采样时先加 0.3～0.5 g 抗坏血酸于顶空瓶内	24 h	150	—	0.2 μg/L

序号	测定项目	方法名称	方法依据	适用范围	采样容器	采样方法	固定剂	保存方法及保存剂用量	保存期	采样量/mL	容器洗涤	检出限
132	三氯甲烷	生活饮用水标准检验方法 有机物指标(附录A 吹脱捕集/气相色谱-质谱法测定挥发性有机化合物)	GB/T 5750.8—2006（附录 A）	生活饮用水、水源地表水和地下水	40 mL 棕色玻璃瓶附螺旋盖及聚四氟乙烯垫片	采样时，使水样在瓶中溢流出而不流气泡；若从开放的水体中采样，先用 1 L 的广口瓶或烧杯从有代表性的区域中采样，再把水样从广口瓶或烧杯中倒入样品瓶中。所有样品均采集平行样，每批样品要带一个现场空白	盐酸溶液（无余氯样品）；抗坏血酸+盐酸（有余氯样品）	不含余氯的样品和现场空白，每 40 mL 水样中加 4 滴 4 mol/L 的盐酸做固定剂，4℃冷藏保存。 含余氯的样品和现场空白，在样品瓶中先加入抗坏血酸（每 40 mL 水样中加 25 mg），待样品瓶中充满水样并溢流后，每 20 mL 样品中加入 1 滴 4 mol/L 盐酸调节样品 pH＜2，4℃冷藏保存	14 d	40	—	0.03 μg/L
		地表水和污水监测技术规范	HJ/T 91—2002	对江河、湖泊、水库和渠道的水质监测	硬质玻璃瓶	—	盐酸+抗坏血酸	用 1+10 盐酸调至 pH=2，加入 0.01～0.02 g 抗坏血酸除去残余氯，0～4℃冷藏，避光保存	12 h	1 000	洗涤剂洗 1 次，自来水洗 3 次，蒸馏水洗 1 次	—
		水质 样品的保存和管理技术规定	HJ 493—2009	天然水、生活污水及工业废水	硬质玻璃瓶	—	盐酸+抗坏血酸	用 1+10 盐酸调至 pH≤2，加入 0.01～0.02 g 抗坏血酸除去残余氯；1～5℃冷藏，避光保存	12 h	1 000	—	—
					硬质玻璃瓶溶剂洗，带聚四氟乙烯薄膜的小瓶	水样充满容器	水样含氯：硫代硫酸钠；水样不含氯：—	如果样品含氯，采样前 100 mL 样加 8 mg 硫代硫酸钠，1～5℃冷藏保存	14 d	100		
133	三氯乙醛	水质 三氯乙醛的测定 吡啶啉酮分光光度法	HJ/T 50—1999	农田灌溉水质、地下水和城市污水	玻璃容器	—	—	在中性条件下 2～5℃冷藏保存	不超过 72 h	—	—	0.08 mg/L
		生活饮用水标准检验方法 消毒副产物指标（气相色谱法）	GB/T 5750.10—2006(8.1)	生活饮用水及其水源水	顶空瓶	取两个装有 0.1 g 硫代硫酸钠的顶空瓶，充满水样并立即用包有铝箔（或聚四氟乙烯膜）的翻口胶塞封好	硫代硫酸钠	冷藏保存	—	50	—	1 μg/L

序号	测定项目	方法名称	方法依据	适用范围	采样容器	采样方法	固定剂	保存方法及保存剂用量	保存期	采样量/mL	容器洗涤	检出限
134	三氯乙烯	水质　挥发性有机物的测定　吹扫捕集/气相色谱法	HJ 686—2014	地表水、地下水、生活污水和工业废水中挥发性有机物的测定	棕色玻璃瓶，螺旋盖（带聚四氟乙烯涂层密封垫）	所有样品均采集平行双样，每批样品带一个全程序空白和一个运输空白，样品采集时不需用水样荡洗	盐酸溶液（无余氯样品）；抗坏血酸+盐酸（有余氯样品）	无余氯样品：0.5 mL 盐酸溶液，4℃冷藏保存；有余氯样品：加入约 25 mg 抗坏血酸，再加 0.5 mL 盐酸溶液，4℃冷藏保存	14 d	40	—	0.1 μg/L
		水质　挥发性有机物的测定　吹扫捕集/气相色谱-质谱法	HJ 639—2012	海水、地下水、地表水、生活污水和工业废水	40 mL 棕色玻璃瓶，具硅橡胶-聚四氟乙烯衬垫螺旋盖	水样在样品瓶中溢流而不留空间。取样时应尽量避免或减少样品在空气中暴露。所有样品均采集平行双样，每批样品带一个全程序空白和一个运输空白。采样时不需用样品进行荡洗	抗坏血酸+盐酸	每 40 mL 样品需加入 25 mg 的抗坏血酸；若样品中总余氯的量超过 5 mg/L，总余氯每超过 5 mg/L，需要多加 25 mg 的抗坏血酸。采样时，水样呈中性时向每个样品瓶中加入 0.5 mL 盐酸溶液，拧紧瓶盖；水样呈碱性时应加入适量盐酸溶液使样品 pH≤2，4℃冷藏保存	14 d	40	样品瓶应在采样前用甲醇清洗	全扫描模式（SCAN）：1.2 μg/L；选择离子扫描模式（SIM）：0.4 μg/L
							—	当水样加盐酸溶液后产生大量气泡时，应弃去该样品，重新采集样品。重新采集的样品不应加盐酸溶液，样品标签上应注明未酸化，4℃冷藏保存	24 h			

序号	测定项目	方法名称	方法依据	适用范围	采样容器	采样方法	固定剂	保存方法及保存剂用量	保存期	采样量/mL	容器洗涤	检出限
134	三氯乙烯	水质 挥发性有机物的测定 顶空/气相色谱-质谱法	HJ 810—2016	地表水、地下水、生活污水、工业废水和海水	40 mL 棕色玻璃瓶，具硅橡胶-聚四氟乙烯衬垫螺旋盖	采集样品时，不宜用水样进行荡洗，应使水样在样品瓶中溢流且不留空间	抗坏血酸+盐酸	若水样中含有余氯，采样前，应向 40 mL 棕色采样瓶中加入 25 mg 的抗坏血酸。若水样中余氯含量超过 5 mg/L，应按比例增加抗坏血酸的加入量，余氯含量每增加 5 mg/L，则应多加入 25 mg 的抗坏血酸。样品采集后，应立即加入适量盐酸溶液，使样品 pH≤2，拧紧瓶盖，0～4℃冷藏，避光和密封保存	14 d	40	—	全扫描模式（SCAN）：6 μg/L；选择离子扫描模式（SIM）：0.8 μg/L
							—	当水样加盐酸溶液后有气泡产生，须重新采样，重新采集的样品不加盐酸溶液保存，样品标签上应注明未酸化	24 h			
		水质 挥发性卤代烃的测定 顶空气相色谱法	HJ 620—2011	地表水、地下水、饮用水、海水、工业废水和生活污水	具聚四氟乙烯衬垫和实心螺旋盖	采样时样品沿瓶壁注入，防止气泡产生，水样充满后不留液上空间。所有样品均采集平行样	抗坏血酸或硫代硫酸钠	如果水样含有余氯，向采样瓶中加入 0.3～0.5 g 抗坏血酸或硫代硫酸钠。4℃左右冷藏保存	7 d 内完成分析	40	—	0.02 μg/L
		生活饮用水标准检验方法 有机物指标（填充柱气相色谱法）	GB/T 5750.8—2006（7）	生活饮用水及其水源	顶空瓶，使用前在 120℃烘烤 2 h	取水至满瓶，密封	抗坏血酸	采样时先加 0.3～0.5 g 抗坏血酸于顶空瓶内	采集后24 h内完成测定	150	—	3 μg/L

序号	测定项目	方法名称	方法依据	适用范围	采样容器	采样方法	固定剂	保存方法及保存剂用量	保存期	采样量/mL	容器洗涤	检出限
134	三氯乙烯	生活饮用水标准检验方法 有机物指标（附录A 吹脱捕集/气相色谱-质谱法测定挥发性有机化合物）	GB/T 5750.8—2006（附录A）	生活饮用水、水源地表水和地下水	40 mL 棕色玻璃瓶附螺旋盖及聚四氟乙烯垫片	水样在瓶中溢流出而不流气泡；若从开放的水体中采样，先用1 L的广口瓶或烧杯从有代表性的区域中采样，再把水样从广口瓶或烧杯中倒入样品瓶中。所有样品均采集平行样，每批样品要带一个现场空白	盐酸溶液（无余氯样品）；抗坏血酸+盐酸（有余氯样品）	不含余氯的样品和现场空白，每40 mL水样中加4滴4 mol/L的盐酸做固定剂，4℃冷藏保存。含余氯的样品和现场空白，在样品瓶中先加入抗坏血酸（每40 mL水样中加25 mg），待样品瓶中充满水样并溢流后，每20 mL样品中加入1滴4 mol/L盐酸调节样品pH＜2。0～4℃冷藏保存	14 d	40	—	0.19 μg/L
		地表水和污水监测技术规范	HJ/T 91—2002	对江河、湖泊、水库和渠道的水质监测	硬质玻璃瓶	—	盐酸+抗坏血酸	用1+10盐酸调至pH=2，加入0.01～0.02 g抗坏血酸除去残余氯，0～4℃冷藏，避光保存	12 h	1 000	洗涤剂洗1次，自来水洗3次，蒸馏水洗1次	—
		水质 样品的保存和管理技术规定	HJ 493—2009	天然水、生活污水及工业废水	硬质玻璃瓶	—	盐酸+抗坏血酸	用1+10盐酸调至pH≤2，加入0.01～0.02 g抗坏血酸除去残余氯；1～5℃冷藏，避光保存	12 h	1 000	—	—
135	三硝基甲苯	生活饮用水标准检验方法 有机物指标（气相色谱法）	GB/T 5750.8—2006（30.1）	生活饮用水及其水源水	玻璃容器	—	—	避光保存	2 d	—	—	0.4 mg/L
136	三溴甲烷	水质 挥发性有机物的测定 吹扫捕集/气相色谱法	HJ 686—2014	地表水、地下水、生活污水和工业废水中挥发性有机物的测定	棕色玻璃瓶，螺旋盖（带聚四氟乙烯涂层密封垫）	所有样品均采集平行双样，每批样品带一个全程序空白和一个运输空白，样品采集时不需用水样荡洗	盐酸溶液（无余氯样品）；抗坏血酸+盐酸（有余氯样品）	无余氯样品：0.5 mL盐酸溶液，4℃冷藏保存；有余氯样品：加入约25 mg抗坏血酸，再加0.5 mL盐酸溶液，4℃冷藏保存	14 d	40	—	0.1 μg/L

序号	测定项目	方法名称	方法依据	适用范围	采样容器	采样方法	固定剂	保存方法及保存剂用量	保存期	采样量/mL	容器洗涤	检出限
136	三溴甲烷	水质 挥发性有机物的测定 吹扫捕集/气相色谱-质谱法	HJ 639—2012	海水、地下水、地表水、生活污水和工业废水	40 mL 棕色玻璃瓶，具硅橡胶-聚四氟乙烯衬垫螺旋盖	水样在样品瓶中溢流而不留空间。取样时应尽量避免或减少样品在空气中暴露。所有样品均采集平行双样，每批样品带一个全程序空白和一个运输空白。采样时不需用样品进行荡洗	抗坏血酸+盐酸	每 40 mL 样品需加入 25 mg 的抗坏血酸；若样品中总余氯的量超过 5 mg/L，总余氯每超过 5 mg/L，需要多加 25 mg 的抗坏血酸。采样时，水样呈中性时向每个样品瓶中加入 0.5 mL 盐酸溶液，拧紧瓶盖；水样呈碱性时应加入适量盐酸溶液使样品 pH≤2，4℃冷藏保存	14 d	40	样品瓶应在采样前用甲醇清洗	全扫描模式（SCAN）：0.6 μg/L；选择离子扫描模式（SIM）：0.5 μg/L
							—	当水样加盐酸溶液后产生大量气泡时，应弃去该样品，重新采集样品。重新采集的样品不应加盐酸溶液，样品标签上应注明未酸化，4℃冷藏保存	24 h			
		水质 挥发性有机物的测定 顶空/气相色谱-质谱法	HJ 810—2016	地表水、地下水、生活污水、工业废水和海水	40 mL 棕色玻璃瓶，具硅橡胶-聚四氟乙烯衬垫螺旋盖	采集样品时，不宜用水样进行荡洗，应使水样在样品瓶中溢流且不留空间	抗坏血酸+盐酸	若水样中含有余氯，采样前，应向 40 mL 棕色采样瓶中加入 25 mg 的抗坏血酸。若水样中余氯含量超过 5 mg/L，应按比例增加抗坏血酸的加入量，余氯含量每增加 5 mg/L，则应多加入 25 mg 的抗坏血酸。样品采集后，应立即加入适量盐酸溶液，使样品 pH≤2，拧紧瓶盖，0～4℃冷藏，避光和密封保存	14 d	40	—	全扫描模式（SCAN）：6 μg/L；选择离子扫描模式（SIM）：0.9 μg/L
							—	当水样加盐酸溶液后有气泡产生，须重新采样，重新采集的样品不加盐酸溶液保存，样品标签上应注明未酸化	24 h			

序号	测定项目	方法名称	方法依据	适用范围	采样容器	采样方法	固定剂	保存方法及保存剂用量	保存期	采样量/mL	容器洗涤	检出限
136	三溴甲烷	水质 挥发性卤代烃的测定 顶空气相色谱法	HJ 620—2011	地表水、地下水、饮用水、海水、工业废水和生活污水	具聚四氟乙烯衬垫和实心螺旋盖	采样时样品沿瓶壁注入，防止气泡产生，水样充满后不留液上空间。所有样品均采集平行样	抗坏血酸或硫代硫酸钠	如果水样含有余氯，向采样瓶中加入 0.3～0.5 g 抗坏血酸或硫代硫酸钠。4℃左右冷藏保存	7 d 内完成分析	40	—	0.04 μg/L
		生活饮用水标准检验方法 有机物指标（填充柱气相色谱法）	GB/T 5750.8—2006（1.1）	生活饮用水及其水源水	顶空瓶，使用前在 120℃烘烤 2 h	取水至满瓶，密封	抗坏血酸	采样时先加 0.3～0.5 g 抗坏血酸于顶空瓶内	采集后 24 h 内完成测定	150	—	6 μg/L
		生活饮用水标准检验方法 有机物指标(附录A 吹脱捕集/气相色谱-质谱法测定挥发性有机化合物）	GB/T 5750.8—2006（附录 A）	生活饮用水、水源地表水和地下水	40 mL 棕色玻璃瓶附螺旋盖及聚四氟乙烯垫片	水样在瓶中溢流出而不流气泡；若从开放的水体中采样，先用 1 L 的广口瓶或烧杯从有代表性的区域中采样，再把水样从广口瓶或烧杯中倒入样品瓶中。所有样品均采集平行样，每批样品要带一个现场空白	盐酸溶液（无余氯样品）；抗坏血酸+盐酸（有余氯样品）	不含余氯的样品和现场空白，每 40 mL 水样中加 4 滴 4 mol/L 的盐酸做固定剂，4℃冷藏保存。含余氯的样品和现场空白，在样品瓶中先加入抗坏血酸（每 40 mL 水样中加 25 mg），待样品瓶中充满水样并溢流后，每 20 mL 样品中加入 1 滴 4 mol/L 盐酸调节样品 pH<2，0～4℃冷藏保存	14 d	40	—	0.12 μg/L
		地表水和污水监测技术规范	HJ/T 91—2002	对江河、湖泊、水库和渠道的水质监测	硬质玻璃瓶	—	盐酸+抗坏血酸	用 1+10 盐酸调至 pH=2，加入 0.01～0.02 g 抗坏血酸除去残余氯，0～4℃冷藏，避光保存	12 h	1 000	洗涤剂洗 1 次，自来水洗 3 次，蒸馏水洗 1 次	—
		水质 样品的保存和管理技术规定	HJ 493—2009	天然水、生活污水及工业废水	硬质玻璃瓶	—	盐酸+抗坏血酸	用 1+10 盐酸调至 pH≤2，加入 0.01～0.02 g 抗坏血酸除去残余氯；1～5℃冷藏，避光保存	12 h	1 000	—	—

序号	测定项目	方法名称	方法依据	适用范围	采样容器	采样方法	固定剂	保存方法及保存剂用量	保存期	采样量/mL	容器洗涤	检出限
136	三溴甲烷				硬质玻璃瓶溶剂洗，带聚四氟乙烯薄膜的小瓶	水样充满容器	—	1～5℃冷藏保存	14 d	100		
137	杀草快	水质 百草枯和杀草快的测定 固相萃取-高效液相色谱法	HJ 914—2017	地表水、地下水和废水	聚氯乙烯或聚丙烯材质	—	硫酸溶液：1+1；硫代硫酸钠（有余氯样品）	当水样 pH＞9 时，应用 1+1 硫酸溶液调节水样 pH 至中性，当水样中含余氯时，需加入硫代硫酸钠，每升水加入 0.1 g。0～4℃冷藏，避光保存	7 d 内完成萃取，萃取后 21 d 内完成分析	—	—	0.4 μg/L
138	石油类	水质 石油类的测定 紫外分光光度法（试行）	HJ 970—2018	地表水、地下水和海水中石油类的测定	硬质玻璃瓶	—	盐酸	加盐酸酸化至 pH≤2，0～4℃冷藏保存	3 d	500	—	0.01 mg/L
		水质 石油类和动植物油的测定 红外分光光度法	HJ 637—2018	工业废水和生活污水	玻璃容器	—	盐酸	加盐酸至 pH＜2，0～4℃冷藏保存	3 d	500	—	0.06 mg/L
139	石油烃	水质 挥发性石油烃（C_6-C_9）的测定 吹扫捕集/气相色谱法	HJ 893—2017	地表水、地下水、海水、生活污水和工业废水	40 mL 棕色玻璃瓶，具硅橡胶-聚四氟乙烯衬垫螺旋盖	采集样品时，水样在瓶中溢流而不留气泡。每份样品应采集平行双样，每批样品应至少带一个全程序空白	抗坏血酸+磷酸	采样前，需加入 0.3 g 抗坏血酸于样品瓶中；采集样品，再加入数滴 1+9 磷酸溶液，使样品 pH≤2，0～4℃冷藏，避光保存	3 d	40	—	当取样量 10.0 mL 时：0.02 mg/L；当取样量 20.0 mL 时：0.01 mg/L
		水质 可萃取性石油烃（C_{10}-C_{40}）的测定 气相色谱法	HJ 894—2017	地表水、地下水、生活污水、工业废水和海水	具磨口塞的棕色玻璃瓶	—	盐酸溶液：1+1	加入 1+1 盐酸溶液酸化至 pH≤2，4℃冷藏保存	14 d 内完成萃取，40 d 内分析	1 000	—	0.01 mg/L

序号	测定项目	方法名称	方法依据	适用范围	采样容器	采样方法	固定剂	保存方法及保存剂用量	保存期	采样量/mL	容器洗涤	检出限
140	四氯苯	生活饮用水标准检验方法 有机物指标（气相色谱法）	GB/T 5750.8—2006（24.1）	生活饮用水及其水源水	磨口塞玻璃瓶	—	硫酸	每升水样中加入 1 mL 硫酸，并置于 4℃冷藏保存	保存期 4 d。经过萃取处理后的试样在 4℃冰箱内保存 40 d	—	—	0.02 μg/L
141	四氯化碳	水质 挥发性有机物的测定 吹扫捕集/气相色谱法	HJ 686—2014	地表水、地下水、生活污水和工业废水中挥发性有机物的测定	棕色玻璃瓶，螺旋盖（带聚四氟乙烯涂层密封垫）	所有样品均采集平行双样，每批样品带一个全程序空白和一个运输空白，样品采集时不需用水样荡洗	盐酸溶液（无余氯样品）；抗坏血酸+盐酸（有余氯样品）	无余氯样品：0.5 mL 盐酸溶液，4℃冷藏保存；有余氯样品：加入约 25 mg 抗坏血酸，再加 0.5 mL 盐酸溶液，4℃冷藏保存	14 d	40	—	0.1 μg/L
		水质 挥发性有机物的测定 吹扫捕集/气相色谱-质谱法	HJ 639—2012	海水、地下水、地表水、生活污水和工业废水	40 mL 棕色玻璃瓶，具硅橡胶-聚四氟乙烯衬垫螺旋盖	水样在样品瓶中溢流而不留空间。取样时应尽量避免或减少样品在空气中暴露。所有样品均采集平行双样，每批样品带一个全程序空白和一个运输空白。采样时不需用样品进行荡洗	抗坏血酸+盐酸	每 40 mL 样品需加入 25 mg 的抗坏血酸；若样品中总余氯的量超过 5 mg/L，总余氯每超过 5 mg/L，需要多加 25 mg 的抗坏血酸。采样时，水样呈中性时向每个样品瓶中加入 0.5 mL 盐酸溶液，拧紧瓶盖；水样呈碱性时应加入适量盐酸溶液使样品 pH≤2，4℃冷藏保存	14 d	40	样品瓶应在采样前用甲醇清洗	全扫描模式（SCAN）：1.5 μg/L；选择离子扫描模式（SIM）：0.4 μg/L
							—	当水样加盐酸溶液后产生大量气泡时，应弃去该样品，重新采集样品。重新采集的样品不应加盐酸溶液，样品标签上应注明未酸化，4℃冷藏保存	24 h			

序号	测定项目	方法名称	方法依据	适用范围	采样容器	采样方法	固定剂	保存方法及保存剂用量	保存期	采样量/mL	容器洗涤	检出限
141	四氯化碳	水质 挥发性有机物的测定 顶空/气相色谱-质谱法	HJ 810—2016	地表水、地下水、生活污水、工业废水和海水	40 mL 棕色玻璃瓶，具硅橡胶-聚四氟乙烯衬垫螺旋盖	采集样品时，不宜用水样进行荡洗，应使水样在样品瓶中溢流且不留空间	抗坏血酸+盐酸	若水样中含有余氯，采样前，应向 40 mL 棕色采样瓶中加入 25 mg 的抗坏血酸。若水样中余氯含量超过 5 mg/L，应按比例增加抗坏血酸的加入量，余氯含量每增加 5 mg/L，则应多加入 25 mg 的抗坏血酸。样品采集后，应立即加入适量盐酸溶液，使样品 pH≤2，拧紧瓶盖，0～4℃冷藏，避光和密封保存	14 d	40	—	全扫描模式（SCAN）：3 μg/L；选择离子扫描模式（SIM）：0.8 μg/L
							—	当水样加盐酸溶液后有气泡产生，须重新采样，重新采集的样品不加盐酸溶液保存，样品标签上应注明未酸化	24 h			
		水质 挥发性卤代烃的测定 顶空气相色谱法	HJ 620—2011	地表水、地下水、饮用水、海水、工业废水和生活污水	具聚四氟乙烯衬垫和实心螺旋盖	采样时样品沿瓶壁注入，防止气泡产生，水样充满后不留液上空间。所有样品均采集平行样	抗坏血酸或硫代硫酸钠	如果水样含有余氯，向采样瓶中加入 0.3～0.5 g 抗坏血酸或硫代硫酸钠。4℃左右冷藏保存	7 d 内完成分析	40	—	0.03 μg/L
		生活饮用水标准检验方法 有机物指标（填充柱气相色谱法）	GB/T 5750.8—2006(1.1)	生活饮用水及其水源	顶空瓶，使用前在 120℃烘烤 2 h	取水至满瓶，密封	抗坏血酸	采样时先加 0.3～0.5 g 抗坏血酸于顶空瓶内	采集后 24 h 内完成测定	150	—	0.3 μg/L
		生活饮用水标准检验方法 有机物指标（毛细管柱气相色谱法）	GB/T 5750.8—2006(1.2)	生活饮用水及其水源	顶空瓶，使用前在 120℃烘烤 2 h	取水至满瓶，密封	抗坏血酸	采样时先加 0.3～0.5 g 抗坏血酸于顶空瓶内	采集后 24 h 内完成测定	150	—	0.1 μg/L

序号	测定项目	方法名称	方法依据	适用范围	采样容器	采样方法	固定剂	保存方法及保存剂用量	保存期	采样量/mL	容器洗涤	检出限
141	四氯化碳	生活饮用水标准检验方法 有机物指标（附录A 吹脱捕集/气相色谱-质谱法测定挥发性有机化合物）	GB/T 5750.8—2006（附录A）	生活饮用水、水源地表水和地下水	40 mL 棕色玻璃瓶附螺旋盖及聚四氟乙烯垫片	使水样在瓶中溢流出而不流气泡；若从开放的水体中采样，先用1 L 的广口瓶或烧杯从有代表性的区域中采样，再把水样从广口瓶或烧杯中倒入样品瓶中。所有样品均采集平行样，每批样品要带一个现场空白	盐酸溶液（无余氯样品）；抗坏血酸+盐酸（有余氯样品）	不含余氯的样品和现场空白，每 40 mL 水样中加 4 滴 4 mol/L 的盐酸做固定剂，4℃冷藏保存。 含余氯的样品和现场空白，在样品瓶中先加入抗坏血酸（每 40 mL 水样中加 25 mg），待样品瓶中充满水样并溢流后，每 20 mL 样品中加入 1 滴 4 mol/L 盐酸调节样品 pH＜2。0～4℃冷藏保存	14 d	40	—	0.21 μg/L
		地表水和污水监测技术规范	HJ/T 91—2002	对江河、湖泊、水库和渠道的水质监测	硬质玻璃瓶	—	盐酸+抗坏血酸	用 1+10 盐酸调至 pH=2，加入 0.01～0.02 g 抗坏血酸除去残余氯，0～4℃冷藏，避光保存	12 h	1 000	洗涤剂洗 1 次，自来水洗 3 次，蒸馏水洗 1 次	—
		水质 样品的保存和管理技术规定	HJ 493—2009	天然水、生活污水及工业废水	硬质玻璃瓶	—	盐酸+抗坏血酸	用 1+10 盐酸调至 pH≤2，加入 0.01～0.02 g 抗坏血酸除去残余氯；1～5℃冷藏，避光保存	12 h	1 000	—	—
142	四氯乙烯	水质 挥发性有机物的测定 吹扫捕集/气相色谱法	HJ 686—2014	地表水、地下水、生活污水和工业废水中挥发性有机物的测定	棕色玻璃瓶，螺旋盖（带聚四氟乙烯涂层密封垫）	所有样品均采集平行双样，每批样品带一个全程序空白和一个运输空白，样品采集时不需用水样荡洗	盐酸溶液（无余氯样品）；抗坏血酸+盐酸（有余氯样品）	无余氯样品：0.5 mL 盐酸溶液，4℃冷藏保存；有余氯样品：加入约 25 mg 抗坏血酸，再加 0.5 mL 盐酸溶液，4℃冷藏保存	14 d	40	—	0.1 μg/L

序号	测定项目	方法名称	方法依据	适用范围	采样容器	采样方法	固定剂	保存方法及保存剂用量	保存期	采样量/mL	容器洗涤	检出限
142	四氯乙烯	水质 挥发性有机物的测定 吹扫捕集/气相色谱-质谱法	HJ 639—2012	海水、地下水、地表水、生活污水和工业废水	40 mL 棕色玻璃瓶，具硅橡胶-聚四氟乙烯衬垫螺旋盖	水样在样品瓶中溢流而不留空间。取样时应尽量避免或减少样品在空气中暴露。所有样品均采集平行双样，每批样品带一个全程序空白和一个运输空白。采样时不需用样品进行荡洗	抗坏血酸+盐酸	每 40 mL 样品需加入 25 mg 的抗坏血酸；若样品中总余氯的量超过 5 mg/L，总余氯每超过 5 mg/L，需要多加 25 mg 的抗坏血酸。采样时，水样呈中性时向每个样品瓶中加入 0.5 mL 盐酸溶液，拧紧瓶盖；水样呈碱性时应加入适量盐酸溶液使样品 pH≤2，4℃冷藏保存	14 d	40	样品瓶应在采样前用甲醇清洗	全扫描模式（SCAN）：1.2 μg/L；选择离子扫描模式（SIM）：0.2 μg/L
							—	当水样加盐酸溶液后产生大量气泡时，应弃去该样品，重新采集样品。重新采集的样品不应加盐酸溶液，样品标签上应注明未酸化，4℃冷藏保存	24 h			
		水质 挥发性有机物的测定 顶空/气相色谱-质谱法	HJ 810—2016	地表水、地下水、生活污水、工业废水和海水	40 mL 棕色玻璃瓶，具硅橡胶-聚四氟乙烯衬垫螺旋盖	采集样品时，不宜用水样进行荡洗，应使水样在样品瓶中溢流且不留空间	抗坏血酸+盐酸	若水样中含有余氯，采样前，应向 40 mL 棕色采样瓶中加入 25 mg 的抗坏血酸。若水样中余氯含量超过 5 mg/L，应按比例增加抗坏血酸的加入量，余氯含量每增加 5 mg/L，则应多加入 25 mg 的抗坏血酸。样品采集后，应立即加入适量盐酸溶液，使样品 pH≤2，拧紧瓶盖，0～4℃冷藏，避光和密封保存	14 d	40	—	全扫描模式（SCAN）：3 μg/L；选择离子扫描模式（SIM）：0.8 μg/L
							—	当水样加盐酸溶液后有气泡产生，须重新采样，重新采集的样品不加盐酸溶液保存，样品标签上应注明未酸化	24 h			

序号	测定项目	方法名称	方法依据	适用范围	采样容器	采样方法	固定剂	保存方法及保存剂用量	保存期	采样量/mL	容器洗涤	检出限
142	四氯乙烯	水质 挥发性卤代烃的测定 顶空气相色谱法	HJ 620—2011	地表水、地下水、饮用水、海水、工业废水和生活污水	具聚四氟乙烯衬垫和实心螺旋盖	采样时样品沿瓶壁注入，防止气泡产生，水样充满后不留液上空间。所有样品均采集平行样	抗坏血酸或硫代硫酸钠	如果水样含有余氯，向采样瓶中加入 0.3～0.5 g 抗坏血酸或硫代硫酸钠。4℃左右冷藏保存	7 d 内完成分析	40	—	0.03 μg/L
		生活饮用水标准检验方法 有机物指标（填充柱气相色谱法）	GB/T 5750.8—2006（8）	生活饮用水及其水源	顶空瓶，使用前在 120℃烘烤 2 h	取水至满瓶，密封	抗坏血酸	采样时先加 0.3～0.5 g 抗坏血酸于顶空瓶内	24 h	150	—	1.2 μg/L
		生活饮用水标准检验方法 有机物指标(附录A 吹脱捕集/气相色谱-质谱法测定挥发性有机化合物）	GB/T 5750.8—2006（附录 A）	生活饮用水、水源地表水和地下水	40 mL 棕色玻璃瓶附螺旋盖及聚四氟乙烯垫片	水样在瓶中溢流出而不流气泡；若从开放的水体中采样，先用 1 L 的广口瓶或烧杯从有代表性的区域中采样，再把水样从广口瓶或烧杯中倒入样品瓶中。所有样品均采集平行样，每批样品要带一个现场空白	盐酸溶液（无余氯样品）；抗坏血酸+盐酸（有余氯样品）	不含余氯的样品和现场空白，每 40 mL 水样中加 4 滴 4 mol/L 的盐酸做固定剂，4℃冷藏保存。 含余氯的样品和现场空白，在样品瓶中先加入抗坏血酸（每 40 mL 水样中加 25 mg），待样品瓶中充满水样并溢流后，每 20 mL 样品中加入 1 滴 4 mol/L 盐酸调节样品 pH＜2，4℃冷藏保存	14 d	40	—	0.14 μg/L
		地表水和污水监测技术规范	HJ/T 91—2002	对江河、湖泊、水库和渠道的水质监测	硬质玻璃瓶	—	盐酸+抗坏血酸	用 1+10 盐酸调至 pH=2，加入 0.01～0.02 g 抗坏血酸除去残余氯，0～4℃冷藏，避光保存	12 h	1 000	洗涤剂洗 1 次，自来水洗 3 次，蒸馏水洗 1 次	—
		水质 样品的保存和管理技术规定	HJ 493—2009	天然水、生活污水及工业废水	硬质玻璃瓶	—	盐酸+抗坏血酸	用 1+10 盐酸调至 pH≤2，加入 0.01～0.02 g 抗坏血酸除去残余氯；1～5℃冷藏，避光保存	12 h	1 000	—	—

序号	测定项目	方法名称	方法依据	适用范围	采样容器	采样方法	固定剂	保存方法及保存剂用量	保存期	采样量/mL	容器洗涤	检出限
143	四乙基铅	水质 四乙基铅的测定 顶空/气相色谱-质谱法	HJ 959—2018	地表水、地下水、生活污水和工业废水	棕色螺口玻璃瓶，具聚四氟乙烯内衬的硅橡胶垫，或其他同类采样瓶	将样品沿瓶壁缓慢导入采样瓶，直至满瓶，尽量减少由于搅动引起的四乙基铅逸出，并避免将空气气泡引入采样瓶。现场采集平行双样	甲醇	向 40 mL 采样瓶内加入 800 μL 甲醇保存剂（每 10 mL 水样加入 200 μL 甲醇保存剂）。4℃左右冷藏，避光保存	24 h	40	—	0.02 mg/L
144	松节油	水质 松节油的测定 气相色谱法	HJ 696—2014	地表水、地下水、工业废水和生活污水	硬质磨口玻璃瓶或具有特氟龙材质隔垫的棕色螺纹口玻璃瓶	—	—	0～4℃冷藏保存	48 h 内完成萃取，萃取液可保存 7 d	250	—	0.03 mg/L
		水质 松节油的测定 吹扫捕集/气相色谱-质谱法	HJ 866—2017	地表水、地下水、生活污水和工业废水	带聚四氟乙烯衬垫螺旋盖的棕色宽口玻璃瓶	将样品沿壁缓慢导入样品瓶，直至满瓶，应尽量减少由于搅动引起的松节油逸出，并避免将空气气泡引入采样瓶	—	1～5℃冷藏保存	2 d	40	—	0.5 mg/L
		生活饮用水标准检验方法 有机物指标（气相色谱法）	GB/T 5750.8—2006（40.1）	生活饮用水及其水源水	磨口玻璃瓶	—	—	4℃冷藏保存	在 24 h 内萃取	—	—	0.02 mg/L
145	烷基汞	水质 烷基汞的测定 吹扫捕集/气相色谱-冷原子荧光光谱法	HJ 977—2018	地表水、地下水、生活污水、工业废水和海水	具螺口的高密度聚乙烯瓶、硼硅玻璃瓶或氟化聚乙烯瓶	—	盐酸+饱和硫酸铜	采样后每升样品加入 4 mL 盐酸，加酸后的样品 pH 值应在 1～2，然后加入 2 mL 饱和硫酸铜溶液，摇匀，并用干净的聚乙烯袋密封采样瓶 0～4℃冷藏，避光保存，3 d 内完成样品分析；如只测定甲基汞，8 d 内完成分析	8 d	500 或 1 000	—	0.02ng/L

序号	测定项目	方法名称	方法依据	适用范围	采样容器	采样方法	固定剂	保存方法及保存剂用量	保存期	采样量/mL	容器洗涤	检出限
146	微囊藻毒素-LR	水质 微囊藻毒素的测定	GB/T 20466—2006	饮用水、湖泊水、河水、地表水	—	—	—	—	4 h 内完成过滤；减压过滤后，−20℃保存30 d	1 500～2 000	—	0.1 μg/L
		生活饮用水标准检验方法 有机物指标（高压液相色谱法）	GB/T 5750.8—2006（13.1）	饮用水及其水源水	—	—	—	—	—	≥5 000	—	0.06 μg/L
147	五氯酚	水质 酚类化合物的测定 液液萃取/气相色谱法	HJ 676—2013	地表水、地下水、生活污水和工业废水	棕色硬质玻璃瓶	采样时，不要用水样预洗采样瓶，水样应充满样品瓶并加盖密封	盐酸溶液：1+3	采样后，加入适量盐酸溶液将水样调节至 pH<2。0～4℃下冷藏，避光保存	在 7 d 内萃取。萃取液在 4℃下避光保存，20 d 内完成分析	1 000	—	1.1 μg/L
		水质 酚类化合物的测定 气相色谱-质谱法	HJ 744—2015	地表水、地下水、生活污水和工业废水	磨口棕色玻璃瓶	采样时，不要用水样预洗采样瓶，水样应充满样品瓶并加盖密封	硫酸溶液：1+1	采样后，用 1+1 硫酸溶液，将水样调节至 pH≤2。0～4℃冷藏，避光保存	在 7 d 内萃取。萃取液在 4℃下避光保存，20 d 内完成分析	—	—	液液萃取法：0.1 μg/L；固相萃取法：0.1 μg/L

序号	测定项目	方法名称	方法依据	适用范围	采样容器	采样方法	固定剂	保存方法及保存剂用量	保存期	采样量/mL	容器洗涤	检出限
147	五氯酚	水质 五氯酚的测定 气相色谱法	HJ 591—2010	地表水、地下水、海水、生活污水和工业废水	棕色玻璃瓶	—	硫酸溶液：1+9，硫酸铜；硫代硫酸钠（有余氯样品）	每 100 mL 水样中加入 1 mL 1+9 硫酸溶液和 0.5 g 硫酸铜，在 4℃下暗处保存；若有余氯存在，每 100 mL 水样中加入约 80 mg 硫代硫酸钠，摇匀。样品应避免阳光直射	在 7 d 内萃取，萃取液 4℃避光保存，30 d 内进行分析	—	—	0.01 μg/L
		生活饮用水标准检验方法 消毒副产物指标（衍生化气相色谱法）	GB/T 5750.10—2006（12.1）	生活饮用水及其水源水	—	—	浓硫酸，硫酸铜	每升水样中加入 1 mL 硫酸，5 g 硫酸铜，冷藏保存	—	—	—	0.03 μg/L
		生活饮用水标准检验方法 消毒副产物指标（顶空固相微萃取气相色谱法）	GB/T 5750.10—2006（12.2）	生活饮用水及其水源水	具塞试管	—	氢氧化钠溶液：0.1 mol/L	加入 1 mL0.1 mol/L 氢氧化钠	24 h	100	—	0.2 μg/L
		地表水和污水监测技术规范	HJ/T 91—2002	对江河、湖泊、水库和渠道的水质监测	硬质玻璃瓶	—	磷酸+抗坏血酸	用磷酸调至 pH=2，用 0.01～0.02 g 抗坏血酸除去残余氯	24 h	1 000	洗涤剂洗 1 次，自来水洗 3 次，蒸馏水洗 1 次	—
		水质 样品的保存和管理技术规定	HJ 493—2009	天然水、生活污水及工业废水	硬质玻璃瓶	—	磷酸+抗坏血酸	1～5℃冷藏，避光保存。用磷酸调至 pH≤2，加入抗坏血酸 0.01～0.02 g 除去残余氯	24 h	1 000	洗涤剂洗 1 次，自来水洗 3 次，蒸馏水洗 1 次	—

序号	测定项目	方法名称	方法依据	适用范围	采样容器	采样方法	固定剂	保存方法及保存剂用量	保存期	采样量/mL	容器洗涤	检出限
148	硝磺草酮	水质　硝磺草酮的测定　液相色谱法	HJ 850—2017	地表水、地下水、生活污水和工业废水	具磨口塞的棕色玻璃瓶	—	—	0～4℃冷藏、避光和密封保存	在7 d内分析完毕	100	—	0.01 mg/L
149	硝基苯	水质　硝基苯类化合物的测定　气相色谱-质谱法	HJ 716—2014	地表水、地下水、工业废水、生活污水和海水	棕色具聚四氟乙烯衬垫的螺口玻璃瓶	采集样品时，不要用水样预洗采样瓶。水样应充满采样瓶并加盖密封	硫代硫酸钠	若水中有残余氯存在，要在每升水中加入80 g硫代硫酸钠除氯。样品采集后应避光于4℃冷藏	在7 d内完成萃取。40 d内完成分析	1 000～4 000	—	液液萃取法：0.04 μg/L；固相萃取法：0.04 μg/L
		水质　硝基苯类化合物的测定　液液萃取/固相萃取-气相色谱法	HJ 648—2013	地表水、地下水、工业废水、生活污水和海水	—	—	—	—	—	—	—	液液萃取法：0.17 μg/L；固相萃取法：0.032 μg/L
		生活饮用水标准检验方法　有机物指标（气相色谱法）	GB/T 5750.8—2006（29.1）	生活饮用水及其水源水	具塞磨口玻璃瓶	—	—	4℃冷藏，避光保存	7 d内完成萃取，萃取后40 d内完成分析	1 000	—	0.5 μg/L
150	硝基苯类化合物	水质　硝基苯类化合物的测定　液液萃取/固相萃取-气相色谱法	HJ 648—2013	地表水、地下水、工业废水、生活污水和海水	1 L棕色具磨口塞玻璃瓶	—	—	—	—	1 000	—	液液萃取法：0.017～0.22 μg/L；固相萃取法：0.003 2～0.048 μg/L

序号	测定项目	方法名称	方法依据	适用范围	采样容器	采样方法	固定剂	保存方法及保存剂用量	保存期	采样量/mL	容器洗涤	检出限
150	硝基苯类化合物	水质 硝基苯类化合物的测定 气相色谱-质谱法	HJ 716—2014	地表水、地下水、工业废水、生活污水和海水	棕色具聚四氟乙烯衬垫的螺口玻璃瓶	采集样品时，不要用水样预洗采样瓶。水样应充满采样瓶并加盖密封	硫代硫酸钠	若水中有残余氯存在，要在每升水中加入 80 g 硫代硫酸钠除氯。4℃冷藏，避光保存在 7 d 内完成萃取。40 d 内完成分析	40 d	1 000～4 000	—	0.04～0.05 μg/L
151	溴氰菊酯	水质 百菌清和溴氰菊酯的测定 气相色谱法	HJ 698—2014	地表水、地下水、工业废水和生活污水	硬质磨口玻璃瓶或具有特氟龙材质隔垫的棕色螺纹口玻璃瓶	—	—	2～5℃冷藏保存	7 d 内完成萃取；萃取液可保存 40 d	—	—	0.40 mg/L
		水质 百菌清及拟除虫菊酯类农药的测定 气相色谱-质谱法	HJ 753—2015	地表水、地下水、工业废水和生活污水	具磨口塞的棕色玻璃细口瓶	—	—	4℃冷藏保存	7 d	1 000 或 2 000	—	液液萃取法：0.04 μg/L；固相萃取法：0.08 μg/L
		生活饮用水标准检验方法 农药指标（气相色谱法）	GB/T 5750.9—2006（11.1）	生活饮用水及其水源水	磨口玻璃瓶	—	—	4℃冷藏保存	24 h	1 000	—	0.20 mg/L
		生活饮用水标准检验方法 农药指标（高效液相色谱法）	GB/T 5750.9—2006（11.2）	生活饮用水及其水源水	磨口玻璃瓶	—	—	4℃冷藏保存	24 h	—	—	0.002 mg/L
		地表水和污水监测技术规范	HJ/T 91—2002	对江河、湖泊、水库和渠道的水质监测	硬质玻璃瓶	—	抗坏血酸	加入 0.01～0.02 g 抗坏血酸除去残余氯，0～4℃冷藏，避光保存	24 h	1 000	洗涤剂洗 1 次，自来水洗 3 次，蒸馏水洗 1 次	—

序号	测定项目	方法名称	方法依据	适用范围	采样容器	采样方法	固定剂	保存方法及保存剂用量	保存期	采样量/mL	容器洗涤	检出限
151	溴氰菊酯	水质 样品的保存和管理技术规定	HJ 493—2009	天然水、生活污水及工业废水	硬质玻璃瓶（带聚四氟乙烯瓶盖）或塑料容器（适用于草甘膦）	不能用水样冲洗采样容器，不能水样充满容器	—	1～5℃冷藏保存	萃取应在采样后24 h内完成；萃取液5 d	1 000～3 000	—	—
152	亚硝胺类化合物	水质 亚硝胺类化合物的测定 气相色谱法	HJ 809—2016	地表水、地下水、工业废水和生活污水	硬质磨口玻璃瓶或具聚四氟乙烯材质盖垫的螺纹口玻璃瓶	样品应充满样品瓶并加盖密封	—	0～4℃冷藏、避光保存。采样后应在7 d内对样品进行萃取，30 d内完成分析测定	30 d	—	—	0.5～2.4 μg/L
153	一溴一氯甲烷	水质 挥发性有机物的测定 吹扫捕集/气相色谱-质谱法	HJ 639—2012	海水、地下水、地表水、生活污水和工业废水	40 mL棕色玻璃瓶，具硅橡胶-聚四氟乙烯衬垫螺旋盖	采样时不需用样品进行荡洗，水样在样品瓶中溢流而不留空间。取样时应尽量避免或减少样品在空气中暴露	（1）抗坏血酸+盐酸（2）—	（1）每40 mL样品加入25 mg的抗坏血酸；若样品中总余氯的量超过5 mg/L，总余氯每超过5 mg/L，需要多加25 mg的抗坏血酸。采样时，水样呈中性时向每个样品瓶中加入0.5 mL盐酸溶液，拧紧瓶盖；水样呈碱性时应加入适量盐酸溶液使样品pH≤2。4℃冷藏保存。（2）当水样加盐酸溶液后产生大量气泡时，应弃去该样品，重新采集样品。重新采集的样品不应加盐酸溶液，样品标签上应注明未酸化。4℃冷藏保存	（1）14 d；（2）24 h	40	样品瓶应在采样前用甲醇清洗	全扫描模式（SCAN）：1.4 μg/L；选择离子模式（SIM）：0.5 μg/L

序号	测定项目	方法名称	方法依据	适用范围	采样容器	采样方法	固定剂	保存方法及保存剂用量	保存期	采样量/mL	容器洗涤	检出限
153	一溴一氯甲烷	水质 挥发性有机物的测定 顶空/气相色谱-质谱法	HJ 810—2016	地表水、地下水、生活污水、工业废水和海水	40 mL 棕色玻璃瓶，具硅橡胶-聚四氟乙烯衬垫螺旋盖	采集样品时，不宜用水样进行荡洗，应使水样在样品瓶中溢流且不留空间	（1）抗坏血酸+盐酸（2）—	（1）有余氯样品：采样前，应向 40 mL 棕色采样瓶中加入 25 mg 的抗坏血酸。若水样中余氯含量超过 5 mg/L，应按比例增加抗坏血酸的加入量，余氯含量每增加 5 mg/L，则应多加入 25 mg 的抗坏血酸。样品采集后，应立即加入适量盐酸溶液，使样品 pH≤2，拧紧瓶盖，4 ℃以下冷藏，避光和密封保存。（2）当水样加盐酸溶液后有气泡产生，须重新采样，重新采集的样品不加盐酸溶液保存，样品标签上应注明未酸化	（1）14 d；（2）24 h	40	—	全扫描模式（SCAN）：6 μg/L；选择离子模式（SIM）：0.4 μg/L。
		生活饮用水标准检验方法 有机物指标（附录 A 吹脱捕集/气相色谱-质谱法测定挥发性有机化合物）	GB/T 5750.8—2006（附录 A）	生活饮用水及其水源水	40 mL 棕色玻璃瓶附螺旋盖及聚四氟乙烯垫片	采样时，使水样在瓶中溢流出而不流气泡；若从开放的水体中采样，先用 1 L 的广口瓶或烧杯从有代表性的区域中采样，再小心把水样从广口瓶或烧杯中倒入样品瓶中	盐酸溶液（无余氯样品）；抗坏血酸+盐酸（有余氯样品）	（1）不含余氯的样品和现场空白，每 40 mL 水样中加 4 滴 4 mol/L 的盐酸做固定剂。4 ℃冷藏保存。（2）含余氯的样品和现场空白，在样品瓶中先加入抗坏血酸（每 40 mL 水样中加 25 mg），样品瓶中充满水样并溢流后，每 20 mL 样品中加入 1 滴 4 mol/L 盐酸调节样品 pH＜2。4℃冷藏保存	14 d	40	—	0.04 μg/L

序号	测定项目	方法名称	方法依据	适用范围	采样容器	采样方法	固定剂	保存方法及保存剂用量	保存期	采样量/mL	容器洗涤	检出限
153	一溴一氯甲烷	地表水和污水监测技术规范	HJ/T 91—2002	江河、湖泊、水库和渠道的水质监测，包括控制断面以及污染源排放污水	硬质玻璃瓶	—	盐酸+抗坏血酸	用 1+10 盐酸调至 pH=2，加入 0.01～0.02 g 抗坏血酸除去残余氯，低温（0～4℃冷藏）避光保存	12 h	1 000	洗涤剂洗 1 次，自来水 3 次，蒸馏水 1 次馏水 1 次	—
		水质　样品的保存和管理技术规定	HJ 493—2009	天然水、生活污水及工业废水	硬质玻璃瓶	—	盐酸+抗坏血酸	用 1+10 盐酸调至 pH≤2，加入 0.01～0.02 g 抗坏血酸除去残余氯；1～5℃避光保存	12 h	1 000	—	—
154	乙苯	水质苯系物的测定气相色谱法	GB/T 11890—1989	工业废水及地表水	玻璃容器	样品应充满瓶子，并加盖瓶子	—	4℃冷藏保存	14 d	—	—	0.05 mg/L
		水质　挥发性有机物的测定　吹扫捕集/气相色谱法	HJ 686—2014	地表水、地下水、生活污水和工业废水	棕色玻璃瓶，螺旋盖（带聚四氟乙烯涂层密封垫）	所有样品均采集平行双样，每批样品带一个全程序空白和一个运输空白，样品采集时不需用水样荡洗	盐酸溶液（无余氯样品）；抗坏血酸+盐酸（有余氯样品）	无余氯样品：0.5 mL 盐酸溶液，4℃冷藏保存；有余氯样品：加入约 25 mg 抗坏血酸，再加 0.5 mL 盐酸溶液，4℃冷藏保存	14 d	40	—	0.5 μg/L
		水质　挥发性有机物的测定　吹扫捕集/气相色谱-质谱法	HJ 639—2012	海水、地下水、地表水、生活污水和工业废水	40 mL 棕色玻璃瓶，具硅橡胶-聚四氟乙烯衬垫螺旋盖	水样在样品瓶中溢流而不留空间。取样时应尽量避免或减少样品在空气中暴露。所有样品均采集平行双样，每批样品带一个全程序空白和一个运输空白。采样时不需用样品进行荡洗	抗坏血酸+盐酸	每 40 mL 样品需加入 25 mg 的抗坏血酸；若样品中总余氯的量超过 5 mg/L，总余氯每超过 5 mg/L，需要多加 25 mg 的抗坏血酸。采样时，水样呈中性时向每个样品瓶中加入 0.5 mL 盐酸溶液，拧紧瓶盖；水样呈碱性时应加入适量盐酸溶液使样品 pH≤2，4℃冷藏保存	14 d	40	样品瓶应在采样前用甲醇清洗	全扫描模式（SCAN）：0.8 μg/L；选择离子扫描模式（SIM）：0.3 μg/L
							—	当水样加盐酸溶液后产生大量气泡时，应弃去该样品，重新采集样品。重新采集的样品不应加盐酸溶液，样品标签上应注明未酸化，4℃冷藏保存	24 h			

序号	测定项目	方法名称	方法依据	适用范围	采样容器	采样方法	固定剂	保存方法及保存剂用量	保存期	采样量/mL	容器洗涤	检出限
154	乙苯	水质 挥发性有机物的测定 顶空/气相色谱-质谱法	HJ 810—2016	地表水、地下水、生活污水、工业废水和海水	40 mL 棕色玻璃瓶，具硅橡胶-聚四氟乙烯衬垫螺旋盖	采集样品时，不宜用水样进行荡洗，应使水样在样品瓶中溢流且不留空间	抗坏血酸+盐酸	若水样中含有余氯，采样前，应向 40 mL 棕色采样瓶中加入 25 mg 的抗坏血酸。若水样中余氯含量超过 5 mg/L，应按比例增加抗坏血酸的加入量，余氯含量每增加 5 mg/L，则应多加入 25 mg 的抗坏血酸。样品采集后，应立即加入适量盐酸溶液，使样品 pH≤2，拧紧瓶盖，0～4℃冷藏，避光和密封保存	14 d	40	—	全扫描模式（SCAN）：4 μg/L；选择离子扫描模式（SIM）：1.0 μg/L
							—	当水样加盐酸溶液后有气泡产生，须重新采样，重新采集的样品不加盐酸溶液保存，样品标签上应注明未酸化	24 h			
		生活饮用水标准检验方法 有机物指标（溶剂萃取-填充柱气相色谱法）	GB/T 5750.8—2006（18.1）	测定生活饮用水及其水源	磨口玻璃瓶	—	—	冷藏保存	—	—	—	—
		生活饮用水标准检验方法 有机物指标（溶剂萃取-毛细管柱气相色谱法）	GB/T 5750.8—2006（18.2）	测定生活饮用水及其水源	磨口玻璃瓶	—	—	冷藏保存	—	—	—	0.006 mg/L
		生活饮用水标准检验方法 有机物指标（顶空-填充柱气相色谱法）	GB/T 5750.8—2006（18.3）	测定生活饮用水及其水源	顶空瓶	采集水样至充满瓶，用包有铝箔（或聚四氟乙烯膜）的翻口胶塞封好	—	冷藏保存	—	100	—	2.1 μg/L

序号	测定项目	方法名称	方法依据	适用范围	采样容器	采样方法	固定剂	保存方法及保存剂用量	保存期	采样量/mL	容器洗涤	检出限
154	乙苯	生活饮用水标准检验方法 有机物指标（顶空-毛细管柱气相色谱法）	GB/T 5750.8—2006（18.4）	测定生活饮用水及其水源水	有聚四氟膜的硅橡胶垫和塑料螺旋帽密封，使用前在120℃烘烤 2 h	采集水样至充满瓶	—	密封冷藏保存	—	40	—	2 μg/L
		地表水和污水监测技术规范	HJ/T 91—2002	对江河、湖泊、水库和渠道的水质监测	硬质玻璃瓶	—	盐酸+抗坏血酸	用 1+10 盐酸调至 pH=2，加入 0.01～0.02 g 抗坏血酸除去残余氯，0～4℃冷藏，避光保存	12 h	1 000	洗涤剂洗 1 次，自来水洗 3 次，蒸馏水洗 1 次	—
		水质　样品的保存和管理技术规定	HJ 493—2009	天然水、生活污水及工业废水	硬质玻璃瓶	—	盐酸+抗坏血酸	用 1+10 盐酸调至 pH≤2，加入 0.01～0.02 g 抗坏血酸除去残余氯；1～5℃冷藏，避光保存	12 h	1 000	—	—
155	乙撑硫脲	水质　乙撑硫脲的测定液相色谱法	HJ 849—2017	地表水、地下水、生活污水和工业废水	具磨口塞的棕色玻璃细口瓶	—	—	0～4℃冷藏、避光和密封保存	在 30 d 内分析完毕	100	—	3 mg/L
156	乙基汞	水质　烷基汞的测定气相色谱法	GB/T 14204—1993	地面水及污水	塑料桶	—	在数小时内样品不能进行分析：硫酸铜	如在数小时内样品不能进行分析，应在采样瓶中预先加入硫酸铜，加入量为每升 1 g，2～5℃冷藏保存	—	2 500	—	20ng/L
		水质　烷基汞的测定 吹扫捕集/气相色谱-冷原子荧光光谱法	HJ 977—2018	地表水、地下水、生活污水、工业废水和海水	具螺口的高密度聚乙烯瓶、硼硅玻璃瓶或氟化聚乙烯瓶	—	盐酸+饱和硫酸铜	每升样品加入 4 mL 盐酸，样品 pH 值应在 1～2，加入 2 mL 饱和硫酸铜溶液，摇匀，用聚乙烯袋密封采样瓶，0～4℃冷藏，避光保存	3 d 内完成分析	500 或 1 000	—	0.02ng/L

序号	测定项目	方法名称	方法依据	适用范围	采样容器	采样方法	固定剂	保存方法及保存剂用量	保存期	采样量/mL	容器洗涤	检出限
157	乙腈	水质　乙腈的测定　吹扫捕集/气相色谱法	HJ 788—2016	地表水、地下水、工业废水和生活污水	带聚四氟乙烯衬垫螺旋盖的棕色宽口采样瓶	采集样品应充满采样瓶并加盖密封。每批次样品应至少带一个全程序空白	—	0～4℃冷藏、避光和密封保存	6 d	40	—	火焰离子化检测器（FID）：0.1 mg/L；氮磷检测器（NPD）检测器：0.009 mg/L
		水质　乙腈的测定　直接进样/气相色谱法	HJ 789—2016	地表水、地下水、工业废水和生活污水	带聚四氟乙烯衬垫螺旋盖的棕色宽口采样瓶	采集样品应充满采样瓶并加盖密封。每批次样品应至少带一个全程序空白	—	0～4℃冷藏、避光和密封保存	6 d	40	—	0.04 mg/L
		生活饮用水标准检验方法 有机物指标（气相色谱法）	GB/T 5750.8—2006（14.1）	生活饮用水及其水源水	磨口玻璃瓶	—	—	4℃冷藏保存	—	—	—	0.025 mg/L
158	乙醛	生活饮用水标准检验方法 消毒副产物指标（气相色谱法）	GB/T 5750.10—2006（7.1）	生活饮用水及其水源水	磨口塞玻璃瓶	—	—	—	—	—	—	0.3 mg/L
159	异丙苯	水质 苯系物的测定 气相色谱法	GB/T 11890—1989	工业废水及地表水	玻璃容器	样品应充满瓶子，并加盖瓶子	—	应尽快分析，如不能及时分析，在4℃冷藏保存	14 d	—	—	0.05 mg/L
		水质　挥发性有机物的测定　吹扫捕集/气相色谱法	HJ 686—2014	地表水、地下水、生活污水和工业废水中挥发性有机物的测定	棕色玻璃瓶，螺旋盖（带聚四氟乙烯涂层密封垫）	所有样品均采集平行双样，每批样品带一个全程序空白和一个运输空白，样品采集时不需用水样荡洗	盐酸溶液（无余氯样品）；抗坏血酸+盐酸（有余氯样品）	无余氯样品：0.5 mL 盐酸溶液，4℃冷藏保存；有余氯样品：加入约 25 mg 抗坏血酸，再加 0.5 mL 盐酸溶液，4℃冷藏保存	14 d	40	—	0.5 μg/L

序号	测定项目	方法名称	方法依据	适用范围	采样容器	采样方法	固定剂	保存方法及保存剂用量	保存期	采样量/mL	容器洗涤	检出限
159	异丙苯	水质 挥发性有机物的测定 吹扫捕集/气相色谱-质谱法	HJ 639—2012	海水、地下水、地表水、生活污水和工业废水	40 mL 棕色玻璃瓶，具硅橡胶-聚四氟乙烯衬垫螺旋盖	水样在样品瓶中溢流而不留空间。取样时应尽量避免或减少样品在空气中暴露。所有样品均采集平行双样，每批样品带一个全程序空白和一个运输空白。采样时不需用样品进行荡洗	抗坏血酸+盐酸	每 40 mL 样品需加入 25 mg 的抗坏血酸；若样品中总余氯的量超过 5 mg/L，总余氯每超过 5 mg/L，需要多加 25 mg 的抗坏血酸。采样时，水样呈中性时向每个样品瓶中加入 0.5 mL 盐酸溶液，拧紧瓶盖；水样呈碱性时应加入适量盐酸溶液使样品 pH≤2，4℃冷藏保存	14 d	40	样品瓶应在采样前用甲醇清洗	全扫描模式（SCAN）：0.7 μg/L；选择离子扫描模式（SIM）：0.3 μg/L
							—	当水样加盐酸溶液后产生大量气泡时，应弃去该样品，重新采集样品。重新采集的样品不应加盐酸溶液，样品标签上应注明未酸化，4℃冷藏保存	24 h			
		水质 挥发性有机物的测定 顶空/气相色谱-质谱法	HJ 810—2016	地表水、地下水、生活污水、工业废水和海水	40 mL 棕色玻璃瓶，具硅橡胶-聚四氟乙烯衬垫螺旋盖	采集样品时，不宜用水样进行荡洗，应使水样在样品瓶中溢流且不留空间	抗坏血酸+盐酸	若水样中含有余氯，采样前，应向 40 mL 棕色采样瓶中加入 25 mg 的抗坏血酸。若水样中余氯含量超过 5 mg/L，应按比例增加抗坏血酸的加入量，余氯含量每增加 5 mg/L，则应多加入 25 mg 的抗坏血酸。样品采集后，应立即加入适量盐酸溶液，使样品 pH≤2，拧紧瓶盖，0～4℃冷藏，避光和密封保存	14 d	40	—	全扫描模式（SCAN）：3 μg/L；选择离子扫描模式（SIM）：0.9 μg/L
							—	当水样加盐酸溶液后有气泡产生，须重新采样，重新采集的样品不加盐酸溶液保存，样品标签上应注明未酸化	24 h			

序号	测定项目	方法名称	方法依据	适用范围	采样容器	采样方法	固定剂	保存方法及保存剂用量	保存期	采样量/mL	容器洗涤	检出限
159	异丙苯	生活饮用水标准检验方法 有机物指标(顶空-填充柱气相色谱法)	GB/T 5750.8—2006（18.3）	测定生活饮用水及其水源	顶空瓶	采集水样至充满瓶，用包有铝箔（或聚四氟乙烯膜）的翻口胶塞封好	—	低温保存	—	100	—	3.2 μg/L
		生活饮用水标准检验方法 有机物指标(顶空-毛细管柱气相色谱法)	GB/T 5750.8—2006（18.4）	测定生活饮用水及其水源	有聚四氟膜的硅橡胶垫和塑料螺旋帽密封，使用前在120℃烘烤 2 h	采集水样至充满瓶	—	密封低温保存	—	40	—	3 μg/L
		生活饮用水标准检验方法 有机物指标(附录A 吹脱捕集/气相色谱-质谱法测定挥发性有机化合物)	GB/T 5750.8—2006（附录 A）	生活饮用水、水源地表水和地下水	40 mL 棕色玻璃瓶附螺旋盖及聚四氟乙烯垫片	采样时，使水样在瓶中溢流出而不流气泡；若从开放的水体中采样，先用 1 L 的广口瓶或烧杯从有代表性的区域中采样，再把水样从广口瓶或烧杯中倒入样品瓶中。所有样品均采集平行样，每批样品要带一个现场空白	盐酸溶液（无余氯样品）：抗坏血酸+盐酸（有余氯样品）	不含余氯的样品和现场空白，每 40 mL 水样中加 4 滴 4 mol/L 的盐酸做固定剂，4℃冷藏保存。 含余氯的样品和现场空白，在样品瓶中先加入抗坏血酸（每 40 mL 水样中加 25 mg），待样品瓶中充满水样并溢流后，每 20 mL 样品中加入 1 滴 4 mol/L 盐酸调节样品 pH<2，4℃冷藏保存	14 d	40	—	0.15 μg/L
							—	当水样加盐酸溶液后有气泡产生，须重新采样，重新采集的样品不加盐酸溶液保存，样品标签上应注明未酸化	24 h			
		地表水和污水监测技术规范	HJ/T 91—2002	对江河、湖泊、水库和渠道的水质监测	硬质玻璃瓶	—	盐酸+抗坏血酸	用 1+10 盐酸调至 pH=2，加入 0.01～0.02 g 抗坏血酸除去残余氯，0～4℃冷藏，避光保存	12 h	1 000	洗涤剂洗 1 次，自来水洗 3 次，蒸馏水洗 1 次	—

序号	测定项目	方法名称	方法依据	适用范围	采样容器	采样方法	固定剂	保存方法及保存剂用量	保存期	采样量/mL	容器洗涤	检出限
159	异丙苯	水质 样品的保存和管理技术规定	HJ 493—2009	天然水、生活污水及工业废水	硬质玻璃瓶	—	盐酸+抗坏血酸	用 1+10 盐酸调至 pH≤2，加入 0.01～0.02 g 抗坏血酸除去残余氯；1～5℃冷藏，避光保存	12 h	1 000	—	—
160	荧蒽	水质 多环芳烃的测定 液液萃取和固相萃取高效液相色谱法	HJ 478—2009	饮用水、地下水、地表水、海水、工业废水及生活污水	具磨口塞的棕色玻璃细口瓶	采样前不能用水样预洗采样瓶，采样瓶要完全注满，不留气泡	硫代硫酸钠（有余氯样品）	若水中有残余氯存在，要在每升水中加入 80 g 硫代硫酸钠除氯。4℃冷藏，避光保存	在 7 d 内萃取。萃取后的样品应避光于 0～4℃冷藏，在 40 d 内分析完毕	1 000 或 2 000	—	荧光检测器：0.002 μg/L；紫外检测器：0.005 μg/L
		水质 样品的保存和管理技术规定	HJ 493—2009	天然水、生活污水及工业废水	硬质玻璃瓶溶剂洗，带聚四氟乙烯瓶盖	尽可能现场萃取。如果样品加氯，采样前 1 000 mL 样加 80 mg 硫代硫酸钠	—	1～5℃冷藏保存	7 d	500	—	—

序号	测定项目	方法名称	方法依据	适用范围	采样容器	采样方法	固定剂	保存方法及保存剂用量	保存期	采样量/mL	容器洗涤	检出限
161	有机磷农药	水质 有机磷农药的测定 气相色谱法	GB/T 13192—1991	地面水、地下水及工业废水	玻璃磨口瓶	在采样前用水样将取样瓶冲洗 2～3 次	—	弱酸性状态下保存，除敌敌畏及敌百虫其余有机磷在 4℃冷藏保存	除敌敌畏和敌百虫，保存 3 d	1 000	—	10^{-9}～10^{-10} g
		水、土中有机磷农药的测定 气相色谱法	GB/T 14552—2003	地面水、地下水及土壤中有机磷农药	磨口玻璃瓶	先用水样冲洗样品 2～3 次	—	4℃冷藏保存	—	1 000	—	0.86×10^{-4}～$0.141\ 5\times10^{-3}$ mg/L
162	有机氯农药	水质 有机氯农药和氯苯类化合物的测定 气相色谱-质谱法	HJ 699—2014	地表水、地下水、生活污水、工业废水和海水	带玻璃塞的棕色磨口瓶或具有聚四氟乙烯衬垫的棕色螺口玻璃瓶	用具有玻璃塞的棕色磨口瓶或具有聚四氟乙烯衬垫的棕色螺口玻璃瓶采集样品。样品采集后立即用盐酸溶液调节 pH＜2	盐酸	4℃冷藏保存，7 d 内萃取，40 d 内完成分析	40 d	500	—	液液萃取法：0.25～0.60 μg/L；固相萃取法：0.21～0.69 μg/L